瀬良和弘
水島宏太
河内崇
麻植泰輔
青山直紀

実践

型安全性と柔軟性を両立した
スケーラブルな言語

Scala

基本文法、特徴的な言語機能から
ビルド、テストまで
第一線のエンジニアが教える
「現場で使える」Scalaの基本

入門

本書に記載された内容は、情報の提供のみを目的としています。したがって、本書に記載されているプログラムの実行、ならびに本書を用いた運用は、必ずお客様自身の責任と判断によって行ってください。これらの情報の実行・運用結果について、技術評論社および著者はいかなる責任も負いません。

　本書記載の情報は、特に断りのないかぎり、2018年9月のものを掲載していますので、ご利用時には、変更されている場合もあります。

　以上の注意事項をご承諾いただいたうえで、本書をご利用願います。これらの注意事項をお読みいただかずに、お問い合わせいただいても、技術評論社および著者は対処しかねます。あらかじめ、ご承知おきください。

　本書に記載されている製品の名称は、すべて関係各社の商標または登録商標です。本文中にTM、®、©マークは明記しておりません。

はじめに

　本書の著者の一人である水島宏太です。ここでは、著者を代表して私が「はじめに」を書かせていただきます。私が初めてScala（スカラ）に触れたのは2007年ごろのことでした。そのころのScalaはまだバージョン2.5で、コンパイラをクラッシュさせようとちょっと試せば簡単にできてしまうような状況でしたし、また、エコシステムも成熟していませんでした。しかし、その設計思想に魅せられ、以後、国内でのScalaの宣伝や普及活動に携わっていくことになりました。

　それから約10年、現在の海外／国内のScala事情は大きく変わりました。Scalaの開発元であるLightbend（ライトベンド）社によるイベント「Scala Days」が欧州や米国で毎年行われ、多数のScalaプログラマが参加し盛り上がりを見せるようになりました。日本を含むさまざまな国でScala関係のイベントが頻繁に開かれ、コミュニティ活動も活発に行われています。

　エコシステムも（当然ですが）10年前とは比較にならないほど成熟しました。2007年当時は存在しなかった sbt（エスビーティー）が標準のビルドツールとなり、sbtを中心としたプラグインやライブラリのエコシステムが形成され、有志によるOSSが日々活発に開発されています。Webアプリケーション開発フレームワークもPlay Framework（プレイ フレームワーク）注1がLightbend社からリリースされるようになり、標準的な地位を占めるようになりました。

　Scala製のミドルウェアであるApache Kafka（アパッチ カフカ）注2やApache Spark（アパッチ スパーク）注3が注目を集めるようになりました。これらのライブラリは「Scalaというプログラミング言語だから利用している」という層以外にも広く普及しており、Scalaで開発されたソフトウェアの重要性の高まりはScalaコミュニティの発展にも大きく寄与しているように思います。

　Scala界隈はここ数年で大きく発展しましたが、一方で、Scalaを活用していきたいと考えているものの、プログラマの採用・育成に課題を感じているという声が聞かれることもあります。この一因として最新のScalaに対応した日本

注1）　https://www.playframework.com/
注2）　https://kafka.apache.org/
注3）　https://spark.apache.org/

語の入門書がほとんど存在していないことが本著の著者一同をはじめ、コミュニティの中でも課題として認識されてきました。

そのような状況の中、私たちは2、3年前から技術評論社の方とScalaの入門書について議論したり、着手したりということを進めてきました。そしてその結果、「コンパクトなコップ本[注4]」をコンセプトにすることになりました。「コンパクトなコップ本」という言葉には、コップ本のエッセンスをより少ない分量で表現するという意図が込められています。

共著者の方々はみなScalaプログラマとして活躍されている方ばかりで、内容の正確さはもちろんのこと、入門本でありながらある程度実践的な内容も盛り込めたのではないかと思います。

本書を通じてScalaに入門する方が増えて、日本のScalaコミュニティがより活発化することを願っています。

■本書の対象読者

本書はScalaの入門書ですが、**1つ以上のプログラミング言語に慣れていること**を前提としています。Scalaは関数型プログラミング言語でありかつオブジェクト指向言語であるという性質を持つため、また、Javaの資産を利用できるJVM言語であるため、オブジェクト指向言語、特にJavaの経験があればより理解しやすいようになっています。関数型プログラミング言語の経験は特に必要としていません。

かなり古いプログラミング言語を除けば、多くの言語はサブルーチン(あるいは関数)相当の機能を持っており、ループや条件分岐に相当する機能もあるため、それらの機能がない言語のみの経験者は想定していません。

■本書の特徴

本書はScalaの入門書でありながら、プログラミングの経験者を対象にしているため、プログラミング初学者向けの変数や条件分岐、ループや関数の詳細な説明は意図的に省いてあります。また、「コンパクトなコップ本」を目指した

注4) 書籍『Scalaスケーラブルプログラミング』の通称です。Scalaの作者であるMartin Odersky先生らが執筆しているため、Scalaのバイブルとして知られています。
Martin Odersky、Lex Spoon、Bill Venner著／長尾高弘訳／羽生田栄一、水島宏太監訳『Scalaスケーラブルプログラミング 第3版』、インプレス、2016年

ため、Scalaの重要な機能については一通り触れるようにしてあります。

　一方で、単なるScala「言語だけ」の入門書にとどまらず、標準的なビルドツールであるsbtの基本的な使い方の説明や非同期プログラミング、テストといったトピックを扱うことによって、実践的なScalaプログラミングの入り口に立つのが容易であることを意図しています。

　そのような特徴のため、本書は、Scalaの入門から実践への橋渡しとなるような本だと言えます。

■ 本書の構成

　本書は多くのプログラミング言語入門書と同じように、前の章で説明された用語が以降の章で出てくることがあります。そのため、Scalaに慣れていない人(つまり本書の主要な読者ですが)はとりあえず前から読んでいくのがよいでしょう。一方で、(第2章を除いて)各章の内容自体は比較的独立性が高いため、一度ざっと眺めたあと、必要に応じて各章の内容をつまみ食いするというのもありだと思います。通読にこだわるあまり書籍を活用できなくては本末転倒ですので、うまく「斜め読み」をすることがいいのではないかと考えています。本書の構成は次のようになっています。

　まず、第1章「Scalaひとめぐり」では、Scalaの歴史やScalaが適している用途から、「Hello World」レベルの最初のとっかかりまでを紹介する章になっています。まだScalaについての事前知識がほとんどない方にとって、この章は助けになるかと思います。すでにある程度Scalaをご存知の方も、重要な概念の復習のために一読しておくとよいでしょう。

　続く第2章「Scalaの基礎」では、Scalaプログラムを作るうえで必要なさまざまな構文や型を、例をとおして説明していきます。条件分岐やループなどのいわゆる制御構文だけでなく、クラス、トレイト、オブジェクトといったオブジェクト指向プログラミングに必要な要素、Scalaの型階層など、多くの内容が詰まっています。この章で説明された内容を理解していることを前提に以降の章が書かれているので注意してください。

　第3章「Option/Either/Tryによるエラー処理」ではScalaでのエラー処理が中心的なテーマになっています。ほかの多くのプログラミング言語と同様、エラー処理はScalaでも重要なテーマです。しかし、Scalaのアプローチは関数型プロ

グラミング言語で一般的な方法が中心になっているので、オブジェクト指向プログラミング言語出身者は注意が必要です。`Option`、`Either`、`Try` は Scala でエラー処理をするための3種類の方法ですが、状況によって使い分けます。この章を通じて Scala のエラー処理に対する基本的なアプローチが理解できるでしょう。

その次の第4章「コレクション」では、Scala の大きな強みである標準コレクションライブラリについて1章を割いて説明しています。Scala の標準ライブラリの中心はコレクションですから、コレクションを理解することが Scala の標準ライブラリを理解することになるといっても過言ではありません。コレクションの話は一方でデータ構造の話でもあるので、図を使ってデータ構造がイメージしやすいように工夫しています。

第5章「並行プログラミング」は、`Future` というデータ型を使った並行プログラミングの話が中心です。`Future` は Scala の並行処理には欠かせないデータ型で、Scala の標準 Web フレームワークである Play Framework でも頻出します。スレッドによる並行プログラミングとの違いについても説明しているため、この章を通じて `Future` を使った並行プログラミングについて理解できるようになるはずです。

次の第6章「Scala プロジェクトのビルド」では言語自体から少し離れて、Scala の標準ビルドツールである sbt の基本的な使い方や設定の記述方法、sbt シェルのコマンド、ビルドのスコープといった概念について学びます。実用的な Scala プログラミングにおいて sbt は欠かせませんから、基本的な設定の書き方を知っておきましょう。複雑なビルド定義をするためにはこの章だけではなく、本書の「おわりに」で示した「sbt Reference Manual」などを通じて、後々必要に応じて理解を深めていくことになるでしょう。

第7章「ユニットテスト」では、Scala でのユニットテスト、特に ScalaTest を使った方法について解説します。この章は ScalaTest 固有の内容も一部ありますが、仮にほかのライブラリを使うことになったとしても、ここで学んだ内容の理解は役立つでしょう。

第8章「知っておきたい応用的な構文」はやや落穂拾い的な章で、第2章では言語としては本質的でないためあえて取り扱わなかったいろいろな構文を紹介しています。本質的ではないとはいえ、実用上よく使う構文も出てくるので、

この章で紹介する構文が重要でないというわけではありません。

　最後の第9章「よりよいコーディングを目指して」では、これまでの章の内容を踏まえたうえで「より良い」コーディングのためにはどうすればいいのかというテーマに踏み込んでいます。不変性、式指向、副作用の除去、再帰関数といった、関数型プログラミングで重要な概念を推奨しています。とはいえ、最後の段落にあるように「初学者は最初から『正解』にこだわる必要はない」ので、最初から良いスタイルで書けないことを恐れないでください。

　「おわりに」では、主に今後の学習や実用のために必要な参考文献や資料のURLを示して簡単に紹介しています。これを参考に、Scalaスキルを向上させていってください。

■謝辞

　本書の執筆にあたって、特にScalaコミュニティの方々には大きくお世話になりました。日本人でありながらScala言語のコミッターでもあり、また、多くのScala OSSプロジェクトにコントリビュートしているKenji Yoshidaさんは日々、Scalaの最新情報を発信したり、各種ライブラリのバグ修正にコミットしており、そのような情報は本書を執筆するうえでとても助けになりました。

　本書は、Scalaのバイブルである『Scalaスケーラブルプログラミング』とその原著者であるMartin Odersky先生、Lex Spoon氏、Bill Venners氏があって初めて成立したものでした。以上の方々に感謝いたします。

　本書はScalaやsbt、コミュニティのライブラリ等の継続的なメンテナンスや発展があって初めて意味があるものです。LightbendのScalaチームやsbtチーム、Scalaコミュニティ有志のライブラリやフレームワーク開発者にも感謝いたします。

　レビューにあたって黒鍵さん、ABAB↑↓BAさん、ゆいとさん、中村学さん、ねこはるさんにご協力いただきました。レビューアの皆さんのおかげで技術的な誤りやわかりにくい言い回し等を減らし、本書の品質を改善することができました。感謝いたします。もちろん、レビュー後に残った誤りの責任は我々にあります。

2018年9月某日、自室にて、共著者を代表してここに記す

水島宏太

『実践 Scala 入門』 目次

はじめに　iii

本書の対象読者　iv

本書の特徴　iv

本書の構成　v

謝辞　vii

目次　viii

第1章：Scala ひとめぐり　1

1-1　Scala の誕生とこれまで ⋯⋯⋯⋯⋯⋯⋯⋯⋯⋯⋯⋯⋯⋯⋯⋯⋯ 2

1-2　なぜ Scala か？ ⋯⋯⋯⋯⋯⋯⋯⋯⋯⋯⋯⋯⋯⋯⋯⋯⋯⋯⋯⋯⋯ 6

A Scalable language（スケーラブルな言語）⋯⋯⋯⋯⋯⋯⋯⋯⋯ 7

Object-Oriented（オブジェクト指向）⋯⋯⋯⋯⋯⋯⋯⋯⋯⋯⋯⋯ 7

Functional（関数型）⋯⋯⋯⋯⋯⋯⋯⋯⋯⋯⋯⋯⋯⋯⋯⋯⋯⋯⋯ 7

Seamless Java Interop（シームレスな Java との相互運用性）⋯⋯⋯ 8

Functions are Objects（関数はオブジェクトである）⋯⋯⋯⋯⋯⋯ 8

Future-Proof（Future への対応）⋯⋯⋯⋯⋯⋯⋯⋯⋯⋯⋯⋯⋯ 9

Fun（楽しさ）⋯⋯⋯⋯⋯⋯⋯⋯⋯⋯⋯⋯⋯⋯⋯⋯⋯⋯⋯⋯⋯ 10

1-3　Scala は JVM 上で動作する言語 ⋯⋯⋯⋯⋯⋯⋯⋯⋯⋯⋯⋯ 10

OS の差異などに左右されずポータルな実行プログラムである ⋯⋯ 12

既存の Java モジュールを呼び出すことができる ⋯⋯⋯⋯⋯⋯⋯ 13

実行時パフォーマンスがある程度高速である ⋯⋯⋯⋯⋯⋯⋯⋯ 13

JVM 上で動作することによるデメリットもある ⋯⋯⋯⋯⋯⋯⋯ 14

1-4 著名なユーザ企業 ·· 14

1-5 開発環境 ··· 15

【COLUMN】IntelliJ IDEA ··· 16

1-6 はじめてのScalaプログラミング ··················· 18

REPLでHello World ··· 18

scalacでコンパイルしてみる ··································· 19

値や変数を定義する ··· 20

Scalaで一般的な命名規則 ····································· 23

メソッドを定義する ··· 24

関数オブジェクトを作る ··· 26

条件分岐 ··· 27

　　if/else式···· 28

　　match式···· 29

ループ ··· 30

1-7 Scaladocの読み方 ··· 33

1-8 ビルドツールの利用 ··· 34

JVMさえあればコンパイルも実行も可能 ········· 34

sbt ··· 35

第2章：Scalaの基礎　39

2-1 基本的な型 ·· 40

Scalaの型階層 ··· 40

数値型 ··· 41

　　Int —— 32ビット符号付き整数 ······················· 41

　　Long —— 64ビット符号付き整数 ··················· 42

　　Byte —— 8ビット符号付き整数 ······················· 42

　　Short —— 16ビット符号付き整数 ··················· 43

Char —— 16ビット符号なし整数 ································· 44

Double —— 64ビット浮動小数点数 ··························· 45

Float —— 32ビット浮動小数点数 ···························· 45

Boolean —— 真偽値 ····································· 46

Scalaに特有の型 ·· 47

Unit —— 意味のある値を持たない型 ························· 47

AnyVal/AnyRef/Any —— 型をまとめるための型 ··············· 47

Null —— Javaのnullのための型 ······················· 48

Nothing —— すべての型のサブタイプとなる型 ··············· 49

String —— 文字列を表す型とそのリテラル ························ 49

単一行文字列リテラル ·································· 50

複数行文字列リテラル ·································· 50

stripMargin —— 複数行文字列リテラルの字下げを調整する ··· 51

文字列補間 —— 文字列の中に式を埋め込む ·················· 52

タプル —— 複数の型の組み合わせ ···························· 52

2-2 **クラスを定義する** ······································· 54

クラスパラメータとプライマリコンストラクタ ··················· 56

メソッド —— データに関する操作 ····························· 57

フィールド —— クラスの実体が含む値 ························· 57

クラスの継承 ·· 59

2-3 **トレイトを定義する** ···································· 61

2-4 **Scalaにおけるstatic** ·································· 65

2-5 **特別なメソッド名** ····································· 65

apply —— オブジェクトを関数のように呼び出す ················ 65

update —— コレクションの要素への代入 ····················· 66

unary_ —— 前置演算子の実装 ····························· 67

2-6 **ケースクラス —— メソッドを自動生成する** ·············· 67

2-7 **制御構文** ··· 69

式とは ……………………………………………………………………… 69

ブロック式 ── 複数の式をまとめる ……………………………… 70

if式 ── 条件分岐する ……………………………………………… 71

while式 ── ループする …………………………………………… 72

for式 ── 強力な制御構文 ………………………………………… 73

match式 ── パターンマッチ ……………………………………… 74

　値比較による分岐 …………………………………………… 75

　データの分解と取り出し …………………………………… 75

　再帰関数との組み合わせ …………………………………… 76

　ガード式 ……………………………………………………… 77

　パターンのネスト …………………………………………… 77

　match式の一般形 …………………………………………… 78

例外機構 ……………………………………………………………… 80

　throw式 ……………………………………………………… 81

　try式 ………………………………………………………… 81

　ローカルメソッド …………………………………………… 82

2-8 **修飾子** …………………………………………………………… 82

デフォルトではどこからでもアクセス可能 ……………………… 82

private ── 定義したクラスやトレイト内のみアクセス可能にする …… 83

protected ── 継承先のクラスやトレイト内からもアクセス可能にす

る ……………………………………………………………………… 83

lazy ── 計算の一部を遅らせる …………………………………… 84

final ── オーバーライドを防ぐ …………………………………… 85

abstract ── 継承先のクラスでの実装を要求する ……………… 85

2-9 **ジェネリクスと型パラメータ** ……………………………………… 86

2-10 **名前空間とモジュール分割** ……………………………………… 88

パッケージ …………………………………………………………… 88

パッケージオブジェクト …………………………………………… 89

インポート ··· 90

2-11 無名クラス ·· 91

2-12 暗黙の型変換 ·· 91

互換性のない型が渡される場合 ··················· 92

存在しないメソッドが呼び出される場合 ········· 92

2-13 暗黙クラス ── 既存のクラスにメソッドを付け足す ········· 93

2-14 暗黙のパラメータ ···································· 94

暗黙的な状態の引き渡し ····························· 94

暗黙のパラメータの一般的な使い方 ··············· 95

暗黙のパラメータを使わない素朴な方法 ········· 95

トレイトを使ったコードの共通化 ··············· 96

暗黙のパラメータの導入 ························· 97

暗黙のパラメータのまとめ ····················· 98

第3章：Option/Either/Tryによるエラー処理 101

3-1 Option ──「値がないかもしれない」を表す ················· 102

Optionならコンパイル時にエラーを発見できる ························ 102

Optionの値を作る ····································· 104

Optionの値を利用する ································ 105

Optionの中身に戻り値のない関数を適用する ···················· 105

Optionを変換する ······························· 106

Optionの値を取り出す ·························· 108

各種メソッドをパターンマッチで理解する ·········· 110

【COLUMN】変位指定アノテーション ··············· 108

3-2 Either ── 失敗した理由を示す ···················· 111

Eitherの値を作る ····································· 111

Eitherの値を利用する ································ 112

Eitherの中身に戻り値のない関数を適用する ……………………… 112

Eitherを変換する …………………………………………………… 112

Eitherの値を取り出す ……………………………………………… 113

各種メソッドをパターンマッチで理解する ……………………… 114

3-3 Try ── Option/Eitherと同じ感覚で例外を扱う …………… 116

Tryの値を作る ………………………………………………………… 116

Tryの値を利用する …………………………………………………… 117

Tryの中身に戻り値のない関数を適用する ……………………… 117

Tryを変換する ……………………………………………………… 118

Tryの値を取り出す ………………………………………………… 119

各種メソッドをパターンマッチで理解する ……………………… 119

第4章：コレクション 123

4-1 コレクションのデータ型 ……………………………………………… 124

Seq、Set、Map ……………………………………………………… 124

不変なコレクションと可変なコレクション ………………………… 126

【COLUMN】インポートせずに使えるコレクション ………………… 126

4-2 コレクションを操作するAPI …………………………………………… 127

Seqの操作 ……………………………………………………………… 127

Seqの値を作る ……………………………………………………… 127

Seqの要素にアクセスする ………………………………………… 128

Seqの要素を追加／削除する ……………………………………… 130

Seqの要素を並べ替える …………………………………………… 133

Seqの要素を変換する ……………………………………………… 134

Seqの要素を畳み込んで計算結果を得る ………………………… 136

Seqをほかのコレクションに変換する …………………………… 139

可変なSeqに対する操作 …………………………………………… 140

Seqのさまざまな具象型	140
【COLUMN】コレクション変換のコツ	141
Setの操作	143
Setの値を作る	143
Setに特定の要素が含まれているかをテストする	143
Setに要素を追加する	144
可変なSetに対する操作	144
Setのさまざまな具象型	145
Mapの操作	146
Mapの値を作る	146
Mapのキーに対応する値を取り出す	146
Mapの要素を追加／削除する	148
可変なMapに対する操作	148
Mapのさまざまな具象型	150

4-3 コレクションの実装ごとの性能特性 150

4-4 Java標準クラスとScala標準クラスの変換 151

4-5 for式によるコレクション操作 153

yieldのあるfor式	153
yieldのないfor式	154
for式の中のガード節	155

第5章：並行プログラミング

157

5-1 並行プログラミングのメリットとデメリット 158

メリット	158
デメリット	158
競合状態	159
デッドロック	160

5-2 **Futureの基本的な使い方** 162

Futureインスタンスの生成 162

コールバックを登録する 164

暗黙のパラメータについて 166

5-3 **Futureを扱うためのAPI** 167

successful/failed —— すでにある値をFuture型でくるむ 167

map/flatMap —— 複数の非同期処理をまとめる 168

for式 —— 非同期処理を柔軟に合成する 170

andThen —— Futureが完了したあとに副作用のある処理をする ... 172

foreach —— Futureが成功したあとに副作用のある処理をする ... 173

recover/recoverWith —— 失敗したFutureを変換する 174

result/ready —— ブロックして結果を取得する 176

第6章：Scalaプロジェクトのビルド　　179

6-1 **sbtの役割** 180

コンパイル 180

依存ライブラリの解決 181

そのほかの役割 181

6-2 **はじめてのsbt** 182

sbtのインストール 182

sbtシェルの利用 182

Scalaのバージョンの切り替え 184

sbtのディレクトリ構成 185

6-3 **build.sbtの書き方** 187

name —— プロジェクト名を指定する 187

organization —— プロジェクトの所属する組織名を指定する 188

scalaVersion と crossScalaVersions —— 使用する Scala のバージョンを
指定する ··· 188
scalacOptions —— scalac に渡すオプションを指定する ··············· 189

-deprecation ··· 189

-feature ·· 190

-language:implicit Conversions ·· 190

-Ywarn-unused:imports ·· 191

-Ywarn-value-discard ·· 191

libraryDependencies —— 依存するライブラリを指定する ············ 192

lib ディレクトリ以下への unmanaged なライブラリの配置 ···· 193

【COLUMN】ライブラリの探し方 ··· 194

6-4 **sbt シェルのコマンド** ·· 195

console —— REPL を立ち上げる ··· 195

reload —— ビルド定義を再読み込みする ····································· 195

run —— main クラスを実行する ··· 196

compile —— コンパイルする ·· 196

~ —— ソースファイルを監視する接頭辞 ······································ 197

test/testOnly/testQuick —— テストする ································ 198

help —— コマンドの説明を表示する ·· 198

【COLUMN】sbt のキーとコマンド ··· 199

6-5 **ビルドのスコープ** ··· 200

スコープの指定方法 ··· 200

複数の軸にスコープ付けする ·· 201

6-6 **sbt プラグイン** ··· 201

sbt プラグインの追加 ··· 202

グローバルプラグイン ·· 202

6-7 **sbt のトラブルシューティング** ·· 203

設定が反映されない ··· 203

ビルド中にOutOfMemoryErrorが起きる ………………………………………… 203

……という設定がしたい …………………………………………………………… 204

第7章：ユニットテスト 205

7-1 テストの重要性 ……………………………………………………………… 206

7-2 Scalaにおけるユニットテスト ……………………………………………… 206

7-3 Scalaで使えるテストフレームワーク ……………………………………… 207

ScalaTest ……………………………………………………………………… 207

specs2 …………………………………………………………………………… 207

ScalaCheck …………………………………………………………………… 207

7-4 ScalaTestを使ったはじめてのテスト ……………………………………… 208

ScalaTestの導入 …………………………………………………………… 208

テストコードのファイル名とディレクトリ構成 ……………………… 209

テストの記述と実行 ………………………………………………………… 210

7-5 ScalaTestを使いこなす ……………………………………………………… 212

さまざまなテストスタイル ………………………………………………… 212

FunSuite ── xUnit形式のスタイル ……………………………… 212

FunSpec ── RSpecライクなスタイル ……………………………… 213

WordSpec ── specs2ライクなスタイル …………………………… 214

Option、Either、Tryに包まれた値のテスト ………………………… 215

フィクスチャの定義と共通化 ……………………………………………… 218

トレイトを用いたフィクスチャの共有 ……………………………… 219

BeforeAndAfterを用いたフィクスチャの共有 …………………… 220

一時的にテストを実行しないようにする ………………………………… 222

privateなメソッドのテスト ………………………………………………… 223

【COLUMN】パッケージプライベートなほうがテストしやすい …… 224

非同期処理のテスト ………………………………………………………… 225

7-6 Mockitoを使ったモックテスト ･････････････････････････ 227
Mockitoのインストール ･････････････････････････････････ 227
モックの生成とテスト ････････････････････････････････････ 228
モックテストの実用例 ････････････････････････････････････ 231
【COLUMN】モックライブラリを使わずに済む実装 ･･･････････ 234
7-7 ScalaCheckを使ったプロパティベーステスト ･･････････ 235
ScalaCheckのインストールと使い方 ･･･････････････････････ 235

第8章：知っておきたい応用的な構文 239

8-1 コンパニオンオブジェクト ── 同名のクラスへの特権的なアクセス権を持つオブジェクト ･･････････････････････････････ 240
8-2 部分関数 ── 呼び出し前の引数チェック ･･････････････････ 240
8-3 デフォルト引数 ── 引数を省略したときの既定値を指定する ･･･ 242
8-4 名前付き引数 ── メソッドの引数に名前をつけて呼び出せるようにする ･･ 242
8-5 値クラス ── オブジェクト生成のオーバーヘッドを避ける ･･･ 243
8-6 型メンバ ── クラスやトレイト内だけで有効な型の別名を付ける ･･ 245
8-7 自分型アノテーション ── トレイトやクラスに継承でない依存関係をもたせる ･･･････････････････････････････････････ 246
8-8 メソッド引数におけるブロック式 ── メソッド呼び出しをより簡潔に記述する ･･･････････････････････････････････････ 248
8-9 複数の引数リストを持つメソッド ── 部分適用を容易にする ･･･ 249
【COLUMN】メソッドと関数の違い ･･････････････････････････ 250
8-10 η-expansion ── メソッドを関数に変換する ･･････････････ 251

8-11	名前渡し引数 —— 引数の評価タイミングを制御する ········ 252
8-12	抽出子 —— 独自のパターンを定義する ····························· 253
8-13	implicitの探索範囲 ·· 255
8-14	特殊なメソッド ·· 256

classOf —— クラス情報を取得する ································· 257

isInstanceOf —— インスタンスが特定のクラスに属するかを判定する
··· 257

asInstanceOf —— 型のキャストを行う ······························ 258

match式とisInstanceOfとasInstanceOf ···························· 258

第9章：よりよいコーディングを目指して
261

| 9-1 | 可能な限り不変にする ·· 262 |

可変と不変についてのおさらい ··· 262

val／不変にするメリット ·· 263

可変の使いどころ ·· 263

| 9-2 | 式指向なスタイルで書く ·· 264 |

式指向なスタイルとは ·· 265

副作用に注意 ·· 265

副作用の弊害 ·· 267

副作用を取り除いて参照透過にする ································ 268

避けられない副作用を分離する ······································ 269

副作用があることをシグネチャで表明する ························· 269

【COLUMN】副作用の定義はまちまち？ ································ 266

式指向なスタイルに書き換えてみよう ···································· 270

手続き型のスタイル ·· 270

副作用を分離し、テストしやすくする ································· 271

可変な変数を取り除く ·· 271

より高次の関数で簡潔に書き換える ································ 273

9-3 そのほかのTips ·· 273

early return を避ける ·· 274

型注釈との付き合い方 ·· 274

実装型を隠蔽したいとき ·· 274

Unit型を返すとき ··· 275

明示的にある型の値を要求したいとき ························· 275

暗黙の値と関数 ··· 276

おわりに 278

日本語の書籍 279

英語の書籍 280

公式ドキュメント 281

オープンソースライブラリ 282

索引 288

著者プロフィール 298

第1章

Scala ひとめぐり

　本書はJavaプログラミングやJava仮想マシン（JVM、*Java Virtual Machine*）上で動作するプログラミング言語での開発にあまり馴染みのない方にとっても、Scalaに興味を持って最初に読む書籍としてお役に立てるものを目指して執筆しました。

　そのため、本書では適宜Scalaに触れるうえで必要となりそうなJVMに関する前提知識などについても極力わかりやすく補足説明をしていきます。すでにJavaやJVM上で動作する言語をよくご存じの方にとっては既知の内容もあるかもしれませんが、できるだけ、そういった方にも興味深く読んでいただける記述を心がけました。

　本書を一通り読むことでScalaというプログラミング言語の特徴、基本的な文法だけでなく、実際のScalaプログラミングでよくみられるイディオムについても知ることができます。Scalaは豊富な機能を持ち、さまざまな用途に利用できる懐の深い言語です。一方で、その豊富な機能をすべて理解しないと使い始められない言語でもありません。ぜひ本書を読み進めながら、大小問わずさまざまな用途でScalaを活用してみてください。

　それでは、さっそくScalaプログラミングの世界に飛び込んでみましょう。

第1章 | Scalaひとめぐり

1-1 Scalaの誕生とこれまで

Scalaは、オブジェクト指向プログラミングと関数型プログラミングの特徴を融合したマルチパラダイムのプログラミング言語です。Javaのジェネリクスの共同設計者としても知られる、スイス連邦工科大学ローザンヌ校（EPFL、*École Polytechnique Fédérale de Lausanne*）のMartin Odersky教授によって設計されました。

ScalaのロゴマークはそのEPFLの大学構内にある螺旋型の階段（**写真1-1**）をモチーフにデザインされたものです。

まずは、Scala誕生のときを振り返ってみましょう。

写真1-1：EPFLの螺旋階段

※出典：http://www.scala-lang.org/old/node/3486

ScalaはOdersky教授が2003年にEPFLの講義で初めて使用したのが始まりで、2004年1月20日に以下のような告知メール[注1]によって公開されました。スムーズなオブジェクト指向プログラミングと関数型プログラミングの融合、簡潔でエレガントかつ型安全なやり方で表現ができる言語として設計されたとされており、すでに今と変わらない設計方針が明確に示されています。

注1）ここではヘッダと冒頭部分のみを整形のうえ引用します。全文については以下のURLをご覧ください。
http://article.gmane.org/gmane.comp.lang.scala/17

Scalaの誕生とこれまで | **1-1**

```
From: Michel Schinz <Michel.Schinz <at> epfl.ch>
Subject: ANNOUNCEMENT: The Scala Programming Language
Newsgroups: gmane.comp.lang.scala
Date: 2004-01-20 17:25:18 GMT


We'd like to announce availability of the first implementation of the
Scala programming language.  Scala smoothly integrates object-oriented
and functional programming. It is designed to express common programming
patterns in a concise, elegant, and type-safe way.  Scala introduces
several innovative language constructs. For instance:

- Abstract types and mixin composition unify ideas from object and
  module systems.

- Pattern matching over class hierarchies unifies functional and
  object-oriented data access. It greatly simplifies the processing of
  XML trees.

- A flexible syntax and type system enables the construction of
  advanced libraries and new domain specific languages.
  ...
```

ちなみに、このメールの送信日時はScalaの標準APIである**scala.util. matching.Regex**のコメント中のサンプルコード例[注2]にも登場しています。

```
val embeddedDate = date.unanchored
"Date: 2004-01-20 17:25:18 GMT (10 years, 28 weeks, 5 days, 17 hours and 51
minutes ago)" match {
  case embeddedDate("2004", "01", "20") => "A Scala is born."
}
```

　かつてScalaはMicrosoft社の.NET Framework上でも動作していました が、.NET向けのコンパイラサポートは残念ながら2012年に終了しており、2018 年現在、Scalaは基本的にはJVM上で動作する言語となっています[注3]。

　2006年3月、Scala 2.0がリリースされました。以来、Scalaのバージョニン グは2.xの時代が長く続いています（本書執筆時の最新バージョンは2.12です）。 このバージョンでは、現在の言語仕様で非常に重要な**implicit**や**match**など

注2）　https://www.scala-lang.org/api/current/scala/util/matching/Regex.html
注3）　近年Scala.js、Scala Nativeのような異なる動作環境の開発も進んでいますが、本書では詳しくは説明しま せん。

第1章 | Scala ひとめぐり

のキーワードが導入されるなど、現在のScalaの言語仕様における重要な変更が導入されました。

2009年4月、Twitter社がRuby on Railsで実装されていたサービスのうち、バックエンド部分をScalaで書き換えたことが「Twitter on Scala」というタイトルのブログ記事[注4]によって発表され、これまでになくScalaへの注目が集まりました。当時Scalaのバージョンは2.7で、すでに言語仕様、安定性については実用レベルまで到達はしていましたが、まだまだコミュニティは今ほどの規模には拡大していない時期であったため、業界から驚きの声が聞かれました。黎明期のTwitterは急激なユーザ増による負荷対策が喫緊の課題でした[注5]。今日に至るまでのTwitterのサービスとしてのスケーラビリティの進化はScala/Javaで実装されたJVMベースのバックエンドサービスの再構築なしではなしえなかったと言ってよいでしょう。Twitter社は自社で実績を持つライブラリやフレームワークを積極的にOSS（オープンソースソフトウェア）として公開するだけなく、「Scala School」[注6]「Effective Scala」[注7]といった教育ドキュメント[注8]も多く公開し、コミュニティの発展に大きく貢献しました。

2011年5月12日、Odersky氏はScalaの著名なアクターモデルのミドルウェアとしてすでに広く認知され始めていたAkka[注9]の作者のJonas Bonér氏らを共同創業者としてScalaのコアチームをフルタイムで雇用するTypesafeという会社を設立しました。Typesafe社ではScalaコンパイラ、Scalaの主要なビルドツールであるsbt、Akka、著名なWebフレームワークであるPlay FrameworkなどのOSSのコア開発者達が雇用されており、彼らはフルタイムでこれらのOSSの開発に従事しました。この会社の設立も今日のScalaの発展に大きく寄与した出来事でした。

2012年12月にScala 2.10がリリースされました。このバージョンではマクロの導入、Futureによる非同期処理や文字列補間（*string interpolation*）などの重要

注4) お気付きのとおり、このタイトルは「Ruby on Rails」をもじっています。
http://www.artima.com/scalazine/articles/twitter_on_scala.html
注5) クジラのイラストが表示されるエラーページを覚えている方も多いでしょう。
注6) https://twitter.github.io/scala_school/
注7) http://twitter.github.io/effectivescala/
注8) これらのドキュメントは現在は更新されておらず、古くなってしまっている情報も含まれています。参照される場合はその点に留意してください。
注9) https://akka.io/

Scalaの誕生とこれまで | 1-1

な標準APIの追加もありましたが、このバージョンからScalaのマイナーバージョンリリース[注10]間のバイナリ互換性が維持されるようになりました。これはScalaの今日の普及において非常に大きなターニングポイントでした。2.9までは2.9.0と2.9.1に互換性がなかったため、標準ライブラリだけでなくOSSのライブラリも新しいマイナーバージョンがリリースされるたびにビルドし直す必要があるという状況でした。今日から考えると非常に厳しい制約であり、OSSのエコシステムの発展における大きな課題でした。2.10からはこの状況が改善され、結果としてScalaのエコシステムは飛躍的に発展を遂げることにつながりました。

2016年2月、Typesafe社はLightbendに社名変更することを発表しました[注11]。これは当初はScala言語の普及にフォーカスしていた同社が徐々にリアクティブなシステム構築のためのプロダクトの提供にフォーカスするようになったことを名実ともに表明する象徴的な出来事でした。リアクティブシステムについてより深く知りたい方は、「Reactive Manifesto」[注12]、「Reactive Streams」[注13]、関連するライブラリのドキュメントなどを当たってください。Reactive StreamsはScalaコミュニティを中心に立ち上がった標準化を目指した取り組みでしたが、そのAPIはJava 9からFlow API[注14]として取り込まれ、Scala以外のJVMコミュニティにも普及しつつあります。本書はScala言語そのものにフォーカスするため、リアクティブについてはこれ以上は触れません。なお、第5章で並行プログラミングについて触れていますので、この概念に不慣れな方は、リアクティブシステムについて調べる前に、まず第5章を理解するところから始めるとよいでしょう。

本書の出版時点でのScalaの最新バージョンは2.12.6です。Scala 2.xシリーズでは2.13のリリースが予定されており、すでに開発が進んでいます。それと並行してScalaのコア開発チームはScala 3.xシリーズの開発を進めています。Scala 3.xではコンパイラの刷新を含め、さまざまな進化や改善が予定されてい

注10) ここでのマイナーバージョンとは2.x.yにおけるyを指します。

注11) https://www.lightbend.com/blog/typesafe-changes-name-to-lightbend

注12) https://www.reactivemanifesto.org/

注13) http://www.reactive-streams.org/

注14) https://docs.oracle.com/javase/9/docs/api/java/util/concurrent/Flow.html

第1章 | Scalaひとめぐり

ます注15。

　本書で紹介されている範囲の基本的な言語機能についてはScala 3系においても互換性が維持されることが明言されています。本書では基本的にはScala 2.12を前提に説明していきますが、2.13や3.0でまったく使えなくなってしまう知識や記述はありませんので、ご安心ください。

1-2 なぜScalaか?

　かつてScalaの公式サイトでOdersky氏自らが書いた「What is Scala?」というドキュメントがあります。このページ自体は現在はサイト上からなくなっていますが注16、Scalaの特徴を余すところなく説明するのに引き続き最適なものですので、ここでは、その文章を引用しながら説明したいと思います。

　このドキュメントでは、以下のような7つの項目について触れています。

・A Scalable language(スケーラブルな言語)
・Object-Oriented(オブジェクト指向)
・Functional(関数型)
・Seamless Java Interop(シームレスなJavaとの相互運用性)
・Functions are Objects(関数はオブジェクトである)
・Future-Proof(Futureへの対応)
・Fun(楽しさ)

　上記の一つ一つの項目についてOdersky氏が示した内容をかいつまんで紹介します。なお、ここでの引用では一部を省略したり、筆者がニュアンスが伝わりやすくなるよう補足しているところもあります。Odersky氏の記述内容をそのままご覧になりたい方は、GitHubリポジトリからアクセスして原文(英語)をあたってください。

注15) Scala 3.xでは新しいDotty(ドッティ)というコンパイラが採用されます。興味がある方は調べてみてください。
　　　http://dotty.epfl.ch/
注16) 公式サイトのGitHubリポジトリである https://github.com/scala/scala-lang の履歴からアクセスできます。

なぜScalaか？ | **1-2**

■ A Scalable language（スケーラブルな言語）

　Scalaという名前は「Scalable Language」の頭字語で、これはScalaの利用者とともに成長していくことができるということを意味します。

　Scalaは、たった1行で済むようなスクリプトで済ませられる仕事から大規模なミッションクリティカルシステムまでさまざまな用途に対応できる言語です。これは、Javaと比べて堅苦しさのないスクリプト言語のような簡潔な記述が可能であるだけでなく、デプロイする前の開発中のコンパイル時点で多くの問題を見つけることができるという長所から、ミッションクリティカルなシステムの開発にも適しているということを意味します。

　そして、その根底にオブジェクト指向プログラミングと関数型プログラミングのコンセプトの融合があり、それによって、この言語のスケーラビリティ（拡張性）が実現されています。

■ Object-Oriented（オブジェクト指向）

　Scalaは純粋なオブジェクト指向プログラミングが可能な言語です。すべての値はオブジェクトであり、それぞれのオブジェクトが持つすべての操作はメソッドとして定義されます。さらにクラスとトレイトによる高度なコンポーネントアーキテクチャをサポートしています。

　シングルトンオブジェクト、ビジターパターンなど、これまでの伝統的なデザインパターンはすべてそのまま適用可能です。それだけでなく、暗黙クラス（*implicit class*）を用いることで、ScalaだけでなくJavaのクラスに対しても新しい処理を追加することさえも可能です。

■ Functional（関数型）

　Scalaはこれまでの主流な言語のスタイルを踏襲する伝統的な文法を持つ言語であるにもかかわらず、本格的な関数型プログラミングが可能な言語でもあります。

　関数型プログラミングで期待されるような、第一級関数（*first-class function*、関数を第一級オブジェクトとして扱うこと）、効率的な不変データ構造（*immutable* data structure)を備えた標準ライブラリ、値の書き換え(mutation)よりも不変性(immutability)を優先する特性などを備えています。

Scalaはこれまでの関数型プログラミングの言語と違って、段階的に関数型プログラミングに移行していくことができます。たとえば、初めは「セミコロンの不要なJava」として使い始めてもよいのです。そこから徐々に値の書き換えを行うプログラミングスタイルを取り除いていって、関数を合成するより安全なスタイルに移っていくことができます。

一般的にScalaプログラマとしてはそのように関数型のスタイルへと進んでいくほうがよいとは考えられますが、Scalaの言語作者としては、特定のスタイルを強制するような意固地な言語ではなく、言語利用者が各々の好むスタイルで使ってほしいと考えています。

■ Seamless Java Interop（シームレスなJavaとの相互運用性）

ScalaはJVM上で動作する言語であり、Scalaのプログラムの中でJavaのクラスを好きなように利用できます。Javaのクラスを継承したり、Javaのインタフェースを実装したりすることもまったく問題なくできますし、それが同じプロジェクトの中であっても別のプロジェクトでjarファイル[注17]としてクラスパス(classpath)に追加されているものであってもかまいません。

Scalaは既存のJavaライブラリを利用でき、JVMの上で動作します。それどころか、逆にScalaコミュニティの成果がJavaのエコシステムの中で重要な位置を占めるようになり、存在感を増しつつあるという興味深いケースもみられます。Akka、Finagle[注18]、Play Frameworkといった著名なフレームワーク、ライブラリは、ScalaのAPIだけでなくJavaのAPIも提供しています。

■ Functions are Objects（関数はオブジェクトである）

Scalaのプログラミングに対するアプローチは小さな基本的な構造を柔軟なやり方で合成することですが、これはオブジェクト指向プログラミング、関数型プログラミングのどちらにも適用可能なものだと考えられています。

注17) JVMがサポートするパッケージ形式ファイルで、具体的にはメタ情報を定義するテキストファイルと複数のクラスファイルを内部に含みます。

注18) Twitter社のバックエンド開発の基盤となっているライブラリで、世界中で広く利用されています。
https://twitter.github.io/finagle/

なぜScalaか？ | 1-2

Scalaでは関数をオブジェクト指向でいうところのオブジェクト（*object*）とし
てとらえます。関数の型（**Function1**など）は通常のクラスですし、代数的デー
タ型（*algebraic data type*）はクラス階層として表現され、パターンマッチは任意
のクラスに対して可能です。

■ Future-Proof（Futureへの対応）

Scala 2.10から標準ライブラリに**scala.concurrent.Future**をはじめとす
る非同期処理のためのモジュールが追加されました[注19]。このAPIは、マルチコ
アCPUを効率的に使う並行処理を活用したスケーラビリティが求められるサー
バアプリケーションの構築において大きな威力を発揮します。Javaなどと比較
した場合、こうしたマルチスレッド処理は非常に安全かつ効率的な実装を記述
することがより容易になるでしょう。

また、アクターモデル（*actor model*）についての公式のドキュメント[注20]も参照
してみるとよいでしょう。ただし、このドキュメントの原文ではScalaの標準
APIに含まれるアクターモデルの活用について触れられているものの、かつて
Scalaの標準ライブラリにあったアクターモデルの実装（**scala.actors**）は2.10
から非推奨となっており、サードパーティライブラリのAkkaの利用が推奨され
ていることに注意してください。Scala 2.12現在、アクターモデルは標準ライ
ブラリに含まれていません。デファクトスタンダードとしてAkkaが広く活用さ
れているという状況となっていますので、アクターモデルを使いたい場合は
Akkaの公式ドキュメント[注21]をあたってください。

なお、Twitter社ではScala 2.10以前からFinagleのコア部分として独自の非
同期処理のAPIを持っています[注22]。Scala 2.10から入った標準APIは**Try**（失敗
しうる同期的な処理を表現するデータ型）も同時に取り入れるなどTwitterの
APIからの影響が見てとれる部分がありますが、APIの互換性はありません。

注19) http://docs.scala-lang.org/overviews/core/futures.html
注20) http://docs.scala-lang.org/overviews/core/actors.html
注21) http://docs.scala-lang.org/overviews/core/actors-migration-guide.html
注22) https://twitter.github.io/finagle/guide/Futures.html

9

第1章 Scala ひとめぐり

■ Fun（楽しさ）

最後に「Scalaプログラミングがとても楽しいものであるということがおそらく最も重要なことである」とOdersky氏は挙げています。ボイラープレートコード（Javaのアクセサ自動生成のような定型的で冗長なコード）の少なさ、スムーズなフィードバックループでの開発が可能であると同時に、強い静的型による安全さも備えています。

原文での引用によると、英ガーディアン社の開発リーダーであるGraham Tackley氏は「Scalaはより少ないコードでスピーディに機能を開発、提供することを可能とし、チームを再活性化させてくれた」と開発チームに楽しさや意欲を取り戻させてくれた点をメリットとして挙げています。

本書ではScalaという言語の魅力をお伝えすることで、これまでScalaを使ったプログラミングの楽しさを知らなかった方に少しでもその魅力をお伝えできれば嬉しく思います。

1-3 ScalaはJVM上で動作する言語

ScalaはJVM上で動作する言語です。本書の読者の方の中にはJVMにあまり馴染みのない方もいらっしゃるかと思いますので、まず簡単に知っておくべき知識を補足します。

まずは以下の2つの違いを理解しておく必要があります。図1-1をご覧ください。

・JRE: Java Runtime Environment（実行環境）
・JDK: Java Development Kit（開発ツール）

JREについてはJava 11から配布が廃止されるなど事情が変わってきていますが（これについては後述します）、JREとJDKの違いを非常に単純化すると以下のようになります。

- コンパイル済みのプログラムを実行するだけならJREだけでも事足りる
- プログラムをコンパイルする必要があるならJDKが必要となる
- JDKはJREも同梱するのでScalaでの開発をするなら、ともあれJDKをインストールする必要がある

したがって、あなたのマシンにまだJDKがインストールされていなければ、Javaを開発、配布しているOracle社のWebサイトにアクセスしてJDKをインストールしてください。

なお、JDK 11からはライセンス方式が変更となり、Oracle JDKの利用は有償となっています。無償版を利用したい場合はOpenJDKの公式Webサイト[注23]にアクセスし、OpenJDKをインストールしてください。Java SE 11では有償モデル以外にも配布形式・リリースサイクルなどさまざまな変更が行われています。たとえば、Java SE 11からはJREの配布は廃止されました。Project Jigsawの導入によって開発者による軽量なJRE作成と配布が可能となっており、今後の実行環境のインストール方法としてはこの方法が推奨されています。詳

図1-1：JREとJDK

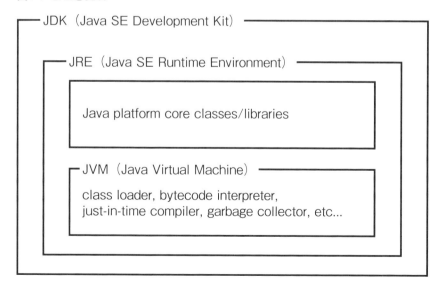

[注23] https://jdk.java.net/

第1章 | Scalaひとめぐり

細な情報を知りたい方は「JDKの新しいリリース・モデルおよび提供ライセンスについて[注24]」というOracle社から日本語で提供されている情報を参考にしてください。

インストール完了後、コマンドラインで`java -version`だけでなく`javac -version`でバージョン表示が出力されれば正常にインストールされています。`java`コマンドはJavaアプリケーションを起動するためのコマンドで、`javac`はJavaソースコードをコンパイルするためのコマンドです。JDKを正常にインストールできていれば、この2つのコマンドが両方とも存在しています。JREだけがインストールされている場合は`java`コマンドは存在しますが、`javac`コマンドは存在しません。

Scalaプログラムがそのまま Java バイトコードにコンパイルされ JVM 上でそのまま動作することは次のようないくつかのメリットをもたらします。

・OSの差異などに左右されずポータルな実行プログラムである
・Java標準ライブラリをはじめ、既存のJavaモジュールを呼び出すことができる
・実行時パフォーマンスがある程度高速である

といっても Java にあまり馴染みがない方には、それでどういったメリットがあるかわかりづらいところもあるかと思いますので、以下に少し補足します。

■ OSの差異などに左右されずポータルな実行プログラムである

かつて Java のスローガンとして「Write once, run anywhere」という有名な言葉がありましたが、これは Java プログラムは JVM さえ存在していれば OS の種別などに依存せずどこでも動作させることができるという意味です。中には完全にそうではないケースもありますが、基本的には JVM で動作する一般的なアプリケーションであれば JVM より下のレイヤには直接依存しない性質を持っています。たとえば Windows や macOS でコンパイルした Java バイトコードをLinux のサーバ環境に持っていっても、ほとんどの場合は特に特別な設定や対応をすることなく、そのまま動作させることが可能です。

注24) https://www.oracle.com/technetwork/jp/articles/java/ja-topics/jdk-release-model-4487660-ja.html

Javaプログラムは通常jarやwar、earなどの形式で一つのファイルにまとめた状態で動作環境へデプロイされますが、このファイルは妥当なメジャーバージョンのJVMのインストールされた動作環境に持っていくだけでよいので、非常にポータブルなファイル形式であるといえます。また前述したとおり、近年はコンテナ上にミドルウェアをインストールしての利用が一般化したことに適応するために、開発者が必要なものだけを選択した軽量なJREをつくることができるようにもなっています。

■ 既存のJavaモジュールを呼び出すことができる

Scalaプログラム側ではJavaのモジュールを特別な対応なしでそのまま呼び出すことができます[25]。もしあなたがすでにJavaで実装されたプログラムコードを持っていて、Scalaのプログラムでもそれを再利用したいと考えた場合、依存ライブラリとして追加するだけで利用できます。

そういった再利用するプログラムが存在しない、または、あまりJavaに馴染みがないという場合でも、Javaのエコシステムの恩恵を受けられるメリットは大きいでしょう。JavaはScalaよりも長い歴史があるだけでなく、言語の利用者もおそらく現在主流のプログラミング言語の中でもトップレベルに多いため、既存のOSSライブラリも豊富です。また、Amazon Web ServicesやGoogle Cloud Platformなど主要なプラットフォームのAPI SDKもたいていはJavaをサポートしているという状況にあります。これらをすぐにそのまま利用できるということはScalaの利用者にとっても非常に大きなメリットといえます。

■ 実行時パフォーマンスがある程度高速である

JVMの実行時の処理性能は、継続的な改善によって年々向上を続けています。一般論としてJavaやJVM上で動作する言語で書かれたアプリケーションは、その言語のプログラム部分だけで見た場合には悪くない実行時性能を提供してくれるでしょう。もちろん、実運用されるプログラムではRDBMSへのクエリなどのI/O待ちがレスポンスタイムの大部分を占める場合など、言語の性能だけでは単純には比較できないケースが多いですが、自前の実装にある程度の性能

注25) ちなみにJavaプログラム側からもScalaのモジュールを呼び出すことはできますが、場合によってはJavaから呼び出せるように専用のメソッドを提供するなどの対応が必要となるケースもあります。

第1章 | Scalaひとめぐり

を期待でき、マルチスレッド処理もより簡潔に書くことができることはScala
の大きなメリットです。

■ JVM上で動作することによるデメリットもある

このようにScalaがJVM上で動作することにより、さまざまなメリットがあ
ります。しかし、一方では以下のようなデメリットもあります。

・サーバアプリケーションなどの常時稼働の用途では問題にならないが、コマ
ンドラインなどから都度実行する用途ではJVMの起動に一定の時間がかかる
ことがネックになる場合がある
・Goなどの実行時のメモリフットプリントが小さい言語と比較すると、小規模
なアプリケーションでもそれなりにメモリ使用量が大きい

しかし、Odersky氏の言葉を引用したScalaの7つの特徴の説明でも挙げたよ
うに「たった1行で済むようなスクリプトで済ませられる仕事から大規模なミッ
ションクリティカルシステムまでさまざまな用途に対応できる言語」であること
が、Scalaが「Scalable Language」たる所以です。

上記のようなデメリットがあるユースケースであっても、Scalaの言語とし
ての表現力がそれを上回るメリットを得られる場合も多いでしょう。本書で
Scalaの記述方法を学びながら、あなたにとってScalaが適した用途を実際に確
かめてみてください。

1-4 著名なユーザ企業

Scalaは2014年に10周年を迎えたばかりの比較的若いプログラミング言語で
すが、近年TwitterやFoursquare、Tumblr、LinkedIn、Intel、Netflixといった
著名な企業で主にバックエンドの基盤を支える開発言語として採用され、すで
に多くの成功事例が公開されています。

Scalaの実世界での導入事例について知りたい場合は、以下の情報にあたる

とよいでしょう。

・Scala Days などのカンファレンス[注26]のスポンサー企業、事例紹介
・Lightbend 社の Web サイト[注27]に掲載されている顧客紹介、ケーススタディ

　国内の事例についてはScalaMatsuri[注28]という日本のみならずアジア地域で最大級のScalaのカンファレンスが毎年東京で開催されており、このカンファレンスのスポンサー企業一覧、発表されている事例紹介などが参考になります。

　特に2014年に開催されたScalaMatsuri 2014[注29]ではMartin Odersky氏も来日し、キーノート講演を行っただけでなく、カンファレンス開催中に多くの日本のScalaエンジニアと交流を持ちました。コミュニティの活気も年々高まっている状況で、サービス運営企業を中心に利用する企業が年々増加傾向にあります。

1-5 開発環境

　Scalaコードを書く環境の選択は、主にVimやEmacs、Atom、Visual Studio Code、Sublime Textなどのテキストエディタ派とIntelliJ IDEA、Eclipseなどの IDE 派の2つに分かれます。あるいは、大きなプロジェクトでのみ IDE を使うなど使い分けているというケースもあるでしょう。

　Scalaのソースコードは簡潔に書けるのでIDEを使わない開発者も珍しくありませんが、やはりIDEの力を借りることができるのは静的型を持つプログラミング言語の大きな魅力の一つです。これまでIDEをあまり使ってこなかった方もScalaを始めることをきっかけにIDEを使うことも試してみてください。

　Javaではユーザの多いEclipseが主流ですが、ScalaではJetBrains社が開発するIntelliJ IDEAを利用する開発者も多い状況です。もともとJavaではEclipseを使っていた人もScalaを始めると同時にIntelliJ IDEAを使い始めたというケースも少なくありません。IntelliJ IDEAにはCommunity Edition（無料版）と

注26）https://www.scala-lang.org/events/
注27）https://www.lightbend.com/
注28）http://scalamatsuri.org/
注29）http://2014.scalamatsuri.org/

第1章 | Scalaひとめぐり

Ultimate Edition（有償版）がありますが、Scalaの一般的な開発の用途であれば、Community EditionにScalaプラグインをインストールして利用できます。

また、近年ENSIME[注30]の発展がめざましく、ENSIMEと連携させることでIDEと同様のコードの補完機能やコンパイルエラー表示などがテキストエディタでも可能になっています。ENSIMEは初期はEmacsでのみ利用可能なツールでしたが、現在はVim、Atom、Visual Studio Code、Sublime Textでも可能です。ぜひ試してみてください。

注30) http://ensime.org/

Column

IntelliJ IDEA

IntelliJ IDEA（以下「IDEA」とします）はJetBrains社が開発・配布しているIDEで、もともとはJavaアプリケーション開発用のIDEとして有名でしたが、近年はJava以外の開発でも利用できる多くのプラグインが、JetBrains社謹製のものやサードパーティ開発のものとして数多く存在しています。

本文でも触れたとおり、IDEAにはCommunity Edition（無料版）とUltimate Edition（有償版）が存在しますが、Scalaのプログラム開発については、Community EditionにScalaプラグインをインストールするだけで基本的には行えます。なお、Community Editionも商用利用することが可能です。

IDEAのScalaプラグインはJetBrains社謹製のプラグインで、ここ数年精力的な開発が続けられた結果、非常に安定するようになっただけでなく、かなり高機能なものに進化しました。クラス名、メソッド名などのコード補完、リファクタリング、参照元検索、エラー表示など通常のIDEに期待される機能はすべて備えていますし、Scala固有のニーズである暗黙のパラメータの検索、型推論結果のホバー表示などにも対応しています。

基本的な機能に加えて、ScalaのデファクトスタンダードのWebフレームワークであるPlay Frameworkのサポートをはじめとするさらに豊富な

開発環境 | 1-5

機能を利用したい場合、有償版のUltimate Editionを検討するとよいでしょう。機能の比較、料金等の最新情報はJetBrains社のWebサイト[注1]や日本の代理店の情報などをあたってください。

　また、『IntelliJ IDEA ハンズオン』という書籍[注2]が本書と同じ技術評論社より刊行されています。IDEAのエキスパートである著者のお二方が、あたかも隣でレクチャーしてくれているかのような解説がなされており、初心者だけでなく長年のIDEA利用者にも発見と学びのある非常に有益な書籍です。IDEAを使いこなしたい方はぜひ手にとってみてください。

　ということで、IDEAをまだ使ったことがない方も、Scalaで本格的にコードを書くならぜひ一度試してみてください。

注1）https://www.jetbrains.com/idea/
注2）山本裕介、今井勝信著『IntelliJ IDEA ハンズオン ── 基本操作からプロジェクト管理までマスター』技術評論社、2017年

17

第1章 | Scalaひとめぐり

1-6 はじめての Scala プログラミング

開発環境が整ったら、いよいよ Scala のコードを書いてみましょう。

■ REPL で Hello World

Scala には Ruby の irb や Python などと同様に REPL（*Read-Eval-Print-Loop*）と呼ばれる対話型の評価環境があります。

最もシンプルな導入方法は Scala の公式サイト[31]にアクセスしてダウンロードページから Scala をダウンロードすることです。`scala-2.12.7.tgz` のようなファイルをダウンロードして解凍すると `bin` 配下に `scala` というスクリプトがあります。macOS をお使いであれば Homebrew[32] を使って `brew install scala` でインストールするだけで OK です。

前提として JDK が必要となりますので、もしお使いのマシンにインストールされていない場合は Oracle 社の Web サイトにアクセスして事前にインストールしておいてください。本書執筆時の最新バージョンである Scala 2.12 は Java SE 8 以上で動作します[33]。

さっそく REPL を立ち上げて「Hello World!」とプリントしてみましょう。

```
$ scala

scala> println("Hello World!")
Hello World!
```

これで初めての Scala プログラミングができました。

Scala REPL を終了するには `:q` または `:quit` と入力してください。`scala` コマンドはパラメータなしであれば REPL として起動しますが、ファイル名を渡すとそのソースコードを解釈して即時実行を行うことができます。

注31) http://www.scala-lang.org/
注32) https://brew.sh/
注33) Scala2.11は Java SE 7でも動作します。

はじめての Scala プログラミング **1-6**

```
$ echo 'println("Hello World!")' > hello.scala

$ scala hello.scala
Hello World!
```

■ scalacでコンパイルしてみる

コンパイルだけを実行するには**scalac**コマンドを使います。先ほど作った**hello.scala**というファイルを**scalac**に渡してコンパイルしてみると……こちらはエラーになりました。

```
$ scalac hello.scala
hello.scala:1: error: expected class or object definition
println("Hello World!")
^
one error found
```

詳細は後述しますが、この場合**scalac**でのコンパイル対象はクラス、オブジェクト、トレイトのいずれかである必要があります[34]。

ここでは、実行可能な**main**メソッドが必要です。ここでは**main**メソッドを持つ**object**を定義するよう書き直します。**App**を継承すると**main**メソッドの定義を省略できるのでここではその例を示します。

```
$ echo 'object Hello extends App {
  println("Hello World!")
}' > hello.scala

$ scalac hello.scala
```

なお**App**を使わず普通に**main**メソッドを定義すると、以下のように定義することになります[35]。

```
object Hello {
  def main(args: Array[String]): Unit = {
    println("Hello World!")
  }
}
```

注34) これを「コンパイル単位」と呼びます。
　　　 http://www.scala-lang.org/docu/files/ScalaReference.pdf
注35) これはJavaの`public static void main`メソッド定義と同等のものをScalaで書いています

19

第1章 Scalaひとめぐり

scalacによって.classという拡張子の付いたクラスファイルが作られます。
クラスファイルはJVMで実行可能なJavaバイトコードを含むファイルです。以
下のようにscalaコマンドでクラスファイルを実行します。

```
$ ls
hello.scala

$ scalac hello.scala

$ ls
Hello$.class Hello.class  hello.scala

$ scala Hello
Hello World!
```

scalaコマンドで実行するときクラスファイルの場合はファイル名ではなく、
定義されたオブジェクト名やクラス名を指定して実行します。今回は「Hello」
がその名前です[注36]。

scala hello.scalaの実行は都度コンパイルしてから実行するのでそれなり
に待たされたかと思いますが、今回は事前にコンパイルしたものを実行してい
るのですぐに実行されたはずです。

また、このクラスファイルはScalaの標準ライブラリさえあればJVMでその
まま動作するバイナリファイルです。以下のようにscala-library.jarをク
ラスパス[注37]に追加しておいてjavaコマンドにHelloクラスを実行するクラス
として渡すと動作することからもそれがわかります。

```
$ java -cp scala-library-2.12.7.jar:. Hello
Hello World!
```

実際のScala開発ではこのように直接scalacコマンドを使ってコンパイルす
ることはほとんどありませんが、JavaやJVMにあまり馴染みのない方は、一度
はこのようなscalacの実行をご自身でやってみるのもよいでしょう。

■ 値や変数を定義する

次はREPLで値を定義してみましょう。以下のnameという値は「Scala」とい

注36) Hello$というものも生成されているのが気になった方は、javap Helloやjava Hello$を実行してみてく
　　　ださい。さらに、「scala シングルトンパターン」「scala MODULE$」などで検索して調べてみてください。
注37) Javaプログラムでは依存するjarやクラスファイルをあらかじめクラスパスに追加しておく必要があります。

20

う文字列です。Scalaは静的型付きの言語なので、コンパイル時にすべての値
や変数の型が確定します。Scalaでは値を **val 名前：型**の形式で宣言します。

```
scala> val name: String = "Scala"
name: String = Scala
```

もし以下のように文字列である **name** を整数の型である **Int** 型で定義しようと
すると、コンパイル時にコンパイルエラーとして検知されます。

```
scala> val name: Int = "Scala"
<console>:7: error: type mismatch;
 found    : String("Scala")
 required: Int
       val name: Int = "Scala"
                       ^
```

先の例では定義時に明確に型を指定していますが、Scalaは型推論(*type
inference*)が可能な言語なので、自動的に型が確定できる場合は型指定を省略す
ることもできます。たとえば上記の例を以下のように書き換えても同じ結果に
なります。このように型推論によって静的型でありながら簡潔な記述でプログ
ラムを書くことができます。

```
scala> val name = "Scala"
name: String = Scala
```

ただし、**val 名前 = 値**のように定義したものには別の値を再代入できない
ことに注意してください。コンパイル時にコンパイルエラーとして検知されま
す。

```
scala> name = "Java"
<console>:8: error: reassignment to val
       name = "Java"
            ^
```

どうしても再代入を行いたい場合は **val** ではなく **var** を使って定義します。こ
れはJavaやRubyなどほかのプログラミング言語での通常の変数と同様に再代
入が可能な変数になります。

第1章 | Scala ひとめぐり

```
scala> var name = "Scala"
name: String = Scala

scala> name = "Java"
name: String = Java
```

しかし、Scala ではパフォーマンスの最適化のためにメソッドの内部など限られた範囲で利用するケース以外では基本的には var を積極的に使うことは推奨されません。

val で定義することで「その変数が参照する先が再代入によって変更されない」という意味で不変であることを保証できます[注38]。それにより、プログラムが読みやすく保守性が高まるといったメリットがあります。Scala では、基本的には val を使って、再代入されない値を使うコーディングスタイルに慣れていくとよいでしょう。

また val で値を定義するときに lazy というキーワードをつけるとその初期化を初回のアクセス時まで遅延させることができます。

```
scala> lazy val lazyDate = new java.util.Date
lazyDate: java.util.Date = <lazy>

scala> val date = new java.util.Date
date: java.util.Date = Sun Sep 09 20:35:25 JST 2018

scala> lazyDate
res0: java.util.Date = Sun Sep 09 20:35:32 JST 2018

scala> lazyDate
res0: java.util.Date = Sun Sep 09 20:35:32 JST 2018
```

Scala の値への代入（正確には「束縛」）は { } のようにコードのブロックで囲んで複数行のコードを記述することもできます。初期化したあとに再度参照したときにコードブロックが再実行されることはなく、束縛された値（ブロックの最終行で返された値）が返されます。

注38）参照する先が不変な値ではなく、属性を変更しうるオブジェクトだった場合、そのオブジェクトのデータはほかの操作によって変更される可能性はあります。

はじめてのScalaプログラミング | **1-6**

```scala
scala> lazy val lazyDate = {
     |   println("Initializing a date value...")
     |   new java.util.Date
     | }
lazyDate: java.util.Date = <lazy>

scala> lazyDate
Initializing a date value...
res0: java.util.Date = Sun Sep 09 20:35:32 JST 2018

scala> lazyDate
res1: java.util.Date = Sun Sep 09 20:35:32 JST 2018
```

■ Scalaで一般的な命名規則

　先の例で**lazyDate**という名前をつけていたように、Scalaでは基本的にアンダースコア(_)区切り(スネークケース)ではなく、大文字によって区切るキャメルケースが好まれます。アンダースコアも使うことはできるので、スネークケースでも動くプログラムは書くことができますが、一般的によいとされる作法ではありません。また、定数については大文字始まりのキャメルケースで定義します[39]。

```scala
// パッケージ名は . 区切りで階層を表現する
// Javaと同様domain名を逆にするケースが多いが、必ずしもそうである必要はない
// また、- は使えないので、代わりに _ を使う
package jp.co.example.something_important

// クラス、オブジェクト、トレイト名は大文字で始めるキャメルケースで定義する
// フィールド名などは小文字始まりのキャメルケースで定義する
class MyClass(val myNumber: String) {

  // インデントは半角スペース2個

  // 定数は大文字始まりのキャメルケースで定義する(Scala公式サイトでの規約)
  val DefaultNumber = 42

  // メソッド名も小文字始まりでキャメルケース
  def printSomething(): Unit = println("something")

}
```

　とりあえずは上記の規約だけ把握しておけば十分ですが、Scalaの公式サイ

注39) Rubyのようにそうしなければならないわけではありません。

23

第1章 | Scalaひとめぐり

トに「Scala Style Guide」[注40]というドキュメントがあり、ここに推奨されるコードスタイルが書かれているので、参考にしてみてください[注41]。

■ メソッドを定義する

Scalaでは**def**キーワードでメソッドを宣言します。以下の**echo**というメソッドは**String**型の値を受け取るメソッドで、戻り値の型は**Unit**です。**Unit**はJavaなどの言語での**void**に相当するもので返すべき値がないことを意味します。

```
scala> def echo(str: String): Unit = println(str)
echo: (str: String)Unit
```

さっそく実行してみます。内部で呼び出されている**println**は標準出力に渡された値を文字列として出力しますのでコンソールに「Hello World!」が出力されて、値は特に返されません。

```
scala> echo("Hello World!")
Hello World!
```

今度は値を返すメソッドを定義してみましょう。Scalaは戻り値型については推論してくれるので、このように戻り値型の記述を省略することもできます。しかし、**public**なメソッドについては極力型を明示するほうがよいでしょう。

```
scala> def double(n: Int) = n * 2
double: (n: Int)Int
```

今回のメソッドは**Int**型の値を返すので、REPLは**res0**という名前の値に返された値である64を束縛しています。なお**res0**というのは特に戻り値を束縛すべき名前を定義しなかった場合にREPLが自動的に生成する名前で、**res0**、**res1**、**res2**……のように0始まりで数字が増えていきます。

```
scala> double(32)
res0: Int = 64
```

注40) https://docs.scala-lang.org/style/
注41) このガイドは基本的には広く浸透しているものですが、Scalaを使っている複数の企業が細部については少し異なるスタンスをとったガイドラインを公開していたりします。そちらも合わせて参考にしてみて、自分に合ったスタイルを見つけてみてください。

はじめてのScalaプログラミング **1-6**

このようにREPLやscalaコマンドで実行する場合は特別にトップレベルにメソッドを定義できますが、通常のScalaプログラムではクラス、トレイト、オブジェクトに対してメソッドを定義します。

先ほどのechoメソッドをクラスの中で定義してみましょう。クラスの中に書くだけで特に何も変わりません。

```
class Printer {
  def echo(str: String): Unit = println(str)
}
```

詳しくは第2章で説明しますが、このメソッドはPrinterというクラスのインスタンスメソッドになります。

```
scala> class Printer {
     |   def echo(str: String): Unit = println(str)
     | }
defined class Printer
```

以下のようにインスタンスを生成してそのメソッドとして呼び出すことができます。インスタンスの生成はJavaと同様newキーワードで初めてコンストラクタを呼び出します。なお、コンストラクタに引数がない場合は()の記述を省略することもできます。

```
scala> val printer = new Printer()
printer: Printer = Printer@2ef5e5e3

scala> printer.echo("Hello")
Hello
```

Javaに慣れている方は、このechoメソッドがpublicなメソッドであることに少し驚いたかもしれません。Scalaではアクセス修飾子を特に指定しない場合はpublicになります。protected/privateにしたい場合はそれを明示します[42]。

注42）privateはJavaと同様、同じクラスであれば別のインスタンスからもアクセス可能ですが、private[this]とすると、そのインスタンス以外からは呼び出せなくなります。

25

第1章 ┃ Scala ひとめぐり

```scala
scala> class Printer {
     |     private def echo(str: String): Unit = println(str)
     | }
defined class Printer

scala> new Printer().echo("Hello")
<console>:12: error: method echo in class Printer cannot be accessed in
Printer
       new Printer().echo("Hello")
                     ^
```

■ 関数オブジェクトを作る

Scalaでは厳密にはメソッドと関数は別の意味を持ちます。先ほど説明した
ようにメソッドは def キーワードを使って以下のように定義します。

```scala
scala> def isAlphanumeric(str: String): Boolean = str.matches("[a-zA-Z0-9¥¥
s]+")
isAlphameric: (str: String)Boolean

scala> isAlphanumeric("Amazon EC2")
res0: Boolean = true

scala> isAlphanumeric("日本語")
res1: Boolean = false
```

このメソッドから関数オブジェクトを生成できます。以下のようにメソッド
名に空白と _ を続けると関数オブジェクトとして値が返ります。

```scala
scala> val isAlphamericF = isAlphameric _
isAlphamericF: String => Boolean = <function1>
```

関数オブジェクトは関数リテラルやFunction0～Function22型のオブジェ
クトを生成することで得られます。まず、以下は関数リテラルによる生成のコー
ド例です。

```scala
scala> val isAlphamericF = (str: String) => str.matches("[a-zA-Z0-9¥¥s]+")
isAlphamericF: String => Boolean = <function1>
```

以下は関数リテラルではなくFunction1インスタンスを直接生成している
コード例です。Function1の「1」は関数の引数が1つであることを示します[注43]。

注43) この1という数字部分は引数の数によって変動します（引数の個数が0の関数もあります）。本書ではこのよ
うな型の総称として FunctionN と表記することがあります。

中で定義されている apply[44] というメソッドは Function1 型のオブジェクトが唯一持つメソッドで、関数オブジェクトが実行されるとき、このメソッドが呼ばれます。こうして見ると「関数オブジェクト」といっても、見慣れた普通のオブジェクトであることがわかります。

```
scala> val isAlphamericF = new Function1[String, Boolean] {
     |   def apply(str: String) = str.matches("[a-zA-Z0-9¥¥s]+")
     | }
isAlphamericF: String => Boolean = <function1>
```

このようにして生成した関数オブジェクトはほかの関数やの引数として渡すことができます。

以下の例にあるような Seq[String] の filter メソッドは String => Boolean の関数を引数にとります。先に定義した isAlphamericF をそのまま渡すことができます。

```
scala> val words = Seq("Scala", "2.12")
words: Seq[String] = List(Scala, 2.12)

scala> val alphamericWords = words.filter(isAlphamericF)
alphamericWords: Seq[String] = List(Scala)
```

■ 条件分岐

Scala で条件分岐を書く場合、基本的な記述方法として if/else 式と match 式が挙げられます。

ここで一つポイントになるのは、いずれもそれが「文」ではなく「式」であるということです。「文(statement)」と「式(expression)」の違いについては第2章で詳しく説明しますが、端的には「式」は評価(evaluation)することで値になるものであり、「文」は評価しても値にならないものです。

より具体的に表現するなら、Java などの言語で if/else 文を評価してもその部分は値を返さない一方、Scala では if/else の条件分岐全体を評価した結果が値として返されるという違いがあります。具体例を見たほうがわかりやすいかと思いますので、コード例を REPL で実行しながら見ていきましょう。

注44) なお、apply という名前のメソッドは Scala において特別なメソッドです。どのように特別かについては第2章で説明します。

第1章 | Scalaひとめぐり

if/else式

まず以下のような普通のJavaのif/else文を見てください。

```
int weight = 120;
String message;
if (weight <= 100) {
  message = "OK";
} else {
  message = "積載量オーバー";
}
```

これをそのまま同じようにScalaで書くと以下のようになります。

```
val weight = 120
var message: String = null
if (weight <= 100) {
  message = "OK"
else {
  message = "積載量オーバー"
}
```

さらにこれをScalaのif/else式らしく書くとこのようになります。

```
val weight = 120
val message = if (weight <= 100) {
  "OK"
} else {
  "積載量オーバー"
}
```

messageについてvarによる宣言や再代入がなくなりました。if/else式がどちらもString型を返していれば、このmessageは型を明示しなくても型推論によってString型となります[注45]。

なお、Scalaには三項演算子は存在しません。Javaで先ほどの例は三項演算子を用いると以下のように書けますが、Scalaではどのようにすればよいでしょうか？

```
String message = weight <= 100 ? "OK" : "積載量オーバー";
```

上記の例で見たようにScalaではif/elseが文ではなく値を返す式ですので、if/else式によって三項演算子と同様の記述が可能です。

注45）もし片方がStringを返していない場合、AnyまたはAnyRef型になってしまいます。

はじめてのScalaプログラミング **1-6**

```
val message = if (weight <= 100) "OK" else "積載量オーバー"
```

match式

Scalaにはパターンマッチを用いて条件分岐するためのmatch式というもの
があります。見た目はswitch文に似ていますが、switch文よりも非常に強力
な機構です。

まず単純なswitch文的なものとして、値をパターンマッチさせる例です。n
が1、2、3であればメダル獲得、4以下は入賞なしという例ですね。

```
val n = 5
n match {
  case 1 => println("Gold!")
  case 2 => println("Silver!")
  case 3 => println("Bronze!")
  case other => println("You didn't get a prize")
}
```

これだけ見るとswitch文のように使うように思われるかもしれませんが、
match式はもっと強力です。のちほど詳しく説明しますが、Scalaには値がnull
やnilであるかもしれない(optionalである)ことを表現する型としてOption型
という型があります。たとえば整数が存在するかもしれないという状態を表現
するにはOption[Int]という型を用います。Some[Int]の値は値が存在してい
ることを示し、Noneの場合はその値が存在しなかったことを表現します。

```
scala> val maybeNum: Option[Int] = Some(123)
maybeNum: Option[Int] = Some(123)

scala> val maybeNum: Option[Int] = None
maybeNum: Option[Int] = None
```

このmaybeNumを扱うにあたりOption型に定義されているメソッドを呼び出
してもよい(これについてものちほど詳しく説明します)のですが、Someのとき
だけ操作したいという場合に以下のとおり、簡潔な記述が可能です。case
Some(num)の行ではmaybeNumが内部に保持しているIntの値がnumとして取
り出されており、この値は存在するという前提で処理を記述できます。

29

第1章 | Scalaひとめぐり

```scala
val num: Int = maybeNum match {
  case Some(num) => num
  case None => 0
}
```

「さらにマイナスの値の場合も0にしたい」など特別な要件が出てきたら、**if**から始まる「ガード(*guard*)条件」を指定して分岐できます。

```scala
val num: Int = maybeNum match {
  case Some(num) if num < 0 => 0
  case Some(num) => num
  case None => 0
}
```

また、|で複数のパターンを列挙することもできます。

```scala
num match {
  case 1 | 2 | 3 => println("Less than 4")
  case 4 => println("Equal to 4")
  case other => println("Greater than 4")
  // このotherはどこにも使われていないので、case _ => のように書くこともできる
}
```

さらに知りたい方は、第2章で詳しく説明します。また、公式ドキュメント内の関連するページ[注46]も合わせて参照するとよいでしょう。

■ ループ

Scalaでループを書く場合の基本的な記述方法として、コレクションのメソッド呼び出し、**for**式、**while**式が挙げられます。

Scalaにおける**while**はほかの言語と同様の繰り返しの構文ですが、Scalaらしいコーディングスタイルにおいては、ループ処理も値を返す一連の式として表現することが多く、**while**式を用いたプログラムを見かけることはあまりありません。また、**while**もこれまでと同様に式であるため値を返します。この戻り値は**Unit**という型で、Javaでは**void**に相当するものです。**Unit**の値を使って何か後続の処理を行うことはありません。

注46) https://docs.scala-lang.org/tour/pattern-matching.html

はじめてのScalaプログラミング | **1-6**

```
var i = 0
while (i < 3) {
  println(i)
  i += 1
}
```

　forも文ではなく式であり、こちらはJavaやRubyなどの言語のfor文とは少し異なるものです。もしPythonやHaskellのリスト内包表記をご存じであれば理解は早いかと思いますが、そうでない場合は、本書を読み進めながら、徐々にこのようなスタイルに慣れていってもらえればと思います。for式の詳細については第4章のコレクションの説明の中で詳しく説明します。

　for式の説明に入る前に、Rubyのブロック付きメソッド呼び出しやJava 8から入ったStream APIをご存じの方にはお馴染みのやり方として、メソッド呼び出しに関数を渡してコレクションに対して操作を行う例を紹介します。

```
scala> val filtered = Seq(1, 2, 3).filter(i => i > 1)
filtered: Seq[Int] = List(2, 3)
```

　上記のコードは1、2、3を含むコレクションから1より大きいものだけを取り出したものです。コレクションにあらかじめ用意されているメソッドはScaladoc[注47]で調べることができます。コレクションについては第4章でさらに詳しく説明します。

　何か変換をしたい場合はmapを呼び出して変換が施された新しいコレクションを返すことができます。以下の例はそれぞれの値を2倍にしています。

```
scala> val doubled = Seq(1, 2, 3).map(i => i * 2)
doubled: Seq[Int] = List(2, 4, 6)
```

　filter、mapに渡した関数内のi => iは以下のように_で簡略化できます。

```
Seq(1, 2, 3).filter(_ > 1)
Seq(1, 2, 3).map(_ * 2)
```

　また、mapに渡した関数の中を複数行で記述するときはmap(i => ...)ではなくmap { i => ... }とします。

注47) http://scala-lang.org/api/current/scala/collection/Seq.html

```
Seq(1, 2, 3).map { i =>
  println(i)
  i * 2
}
// ; で同じ行の中で改行することもできる
Seq(1, 2, 3).map { i => println(i); i * 2 }
```

　flatMapを使うと、コレクションのコレクションを処理したあと、ネストしたコレクションを1つのコレクションにできます。

```
scala> Seq(Seq(1, 2), Seq(3, 4)).flatMap { s => println(s); s }
List(1, 2)
List(3, 4)
res5: Seq[Int] = List(1, 2, 3, 4)
```

　しかし、たとえば以下のようにコレクションの操作がネストするような処理であれば、

```
scala> val results: Seq[Int] = (1 to 3).flatMap { i =>
     |   (2 to 4).flatMap { j =>
     |     (3 to 5).map { k => i * j * k }.filter(_ % 3 == 0)
     |   }
     | }
results: Seq[Int] = Vector(6, 9, 12, 15, 12, 12, 18, 24, 30, 24, 18, 24, 30,
27, 36, 45, 36, 48, 60)
```

以下ようにfor式で書くほうが一般的には簡潔で理解しやすいコードになるでしょう。

```
scala> val results: Seq[Int] = for {
     |   i <- (1 to 3)
     |   j <- (2 to 4)
     |   k <- (3 to 5)
     |   result = (i * j * k) if result % 3 == 0
     | } yield result
results: Seq[Int] = Vector(6, 9, 12, 15, 12, 12, 18, 24, 30, 24, 18, 24, 30,
27, 36, 45, 36, 48, 60)
```

　逆にさまざまなエラーパターンへの条件分岐が発生する処理の場合は標準APIとfor式で書こうとしてもどうにも書きづらい場合もあるでしょう。その場合は条件分岐はmatch式などを使って書くほうがよいかもしれません。このあたりはScalaのプログラムを書き慣れる中で感覚をつかんでいってください。

1-7 Scaladocの読み方

先ほど少しScaladocについて触れましたが、読み方について早めに知っておくと自分で調べるときに助かるかと思いますので、簡単に紹介します。

Scala標準APIのドキュメントは、ブラウザで`https://scala-lang.org/api/current/`にアクセスすると閲覧できます（図1-2）。

あらかじめ調べるべきクラスやトレイトの名前がわかっていないとき（たとえば、ざっくりとコレクションについて知りたい、など）は上記のトップページの

図1-2：Scaladoc

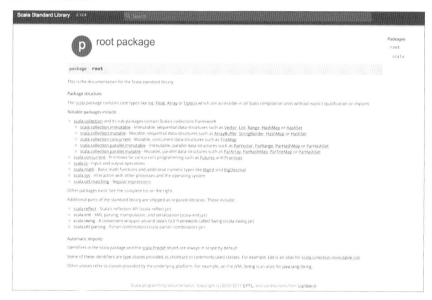

図1-3：ソースコードへのリンク

第1章 | Scalaひとめぐり

パッケージ一覧からたどっていくとよいでしょう。たとえば、コレクションについて初めて調べるという場合は`scala.collection`にアクセスしてそこにある説明とそこからリンクされているドキュメントなどを読んでいくことで調べることができるようになっています。

また、Scaladocはソースコードへのリンクが張ってあることも有用な点です（図1-3）。実際に内部実装がどのようになっているかを調べるとより理解が深まることも多いでしょう。

標準API以外でも主要なライブラリであればScaladocが用意されています。特に広く利用されているScalaTest[注48]というテストライブラリのScaladoc[注49]は非常に品質が高いことで有名です。ぜひアクセスしてみてください。

1-8 ビルドツールの利用

以上、ごく簡単ではありますが、REPLで試せる範囲のScalaの文法を紹介しました。次の章以降でより詳しく説明していきますので、サンプルコード例を試しながら、さらに理解を深めていってください。

なお、こここまでは`scala`コマンドや`scalac`コマンドをインストールして使う方法を紹介しましたが、実は`scala/scalac`コマンドはScalaを使う際に必ず必要となるわけではありません。

詳細は第6章で説明しますが、sbtをはじめとするビルドツールの利用について簡単に紹介します。

■ JVMさえあればコンパイルも実行も可能

「`scalac`でコンパイルしてみる」のプログラム実行の説明で`scala-library.jar`をクラスパスに追加してさえいれば`Hello`がJavaプログラムとして実行可能であったことを思い出してください。コンパイル済みのScalaのプログラムはScala固有のしくみで実行する必要はなく`java`コマンドだけで動かすことができました。冒頭でも触れましたが、コンパイル済みのScalaプログラムはJava

---

注48) http://www.scalatest.org/
注49) http://www.scalatest.org/scaladoc

ビルドツールの利用 | **1-8**

プログラムと同様にJVMと依存ライブラリさえあればどこでも動作します。

　ここまではこれまでの説明である程度ご理解いただけたはずです。ここから
さらにコンパイルの実行について説明します。JVMにあまり馴染みのない方は
少しわかりにくい点もあるかもしれませんが、極力丁寧に説明しますので、ゆっ
くりと読み進めてください。

　まず、Scalaのコンパイラ自身もJVM上で動作するJavaプログラムであるこ
とを理解しておく必要があります。Scalaのコンパイラそれ自体は**scala-**
compiler.jarというjarファイルとしてリリースされており、JVM上のプログ
ラムから呼び出せるようになっています。コンパイル時のScalaの言語バージョ
ン切り替えは**scala-compiler.jar**のバージョンを切り替えるだけです。そし
て、コンパイルされたクラスファイルは、その指定された**scala-compiler**と
同じメジャーバージョンの**scala-library.jar**(といくつかのサブモジュール
のjar)に依存するJavaプログラムとして出力されます。

　scalaコマンドを使える状態にすると通常**scalac**コマンド(**.scala**ファイル
のソースコードをJavaバイトコードにコンパイルするスクリプト)も利用可能
になりますが、この**scalac**コマンドは非常に単純化すると「JVM上でJavaプロ
グラムであるところのScalaコンパイラを実行するためのスクリプト」といえま
す。

　つまり、何かしらのScalaコンパイラプログラムをJVM上で実行できるしく
みさえあれば、必ずしもPATHの通った**scalac**というスクリプトが存在しな
くてもScalaソースコードをコンパイルしてクラスファイルを出力できます。そ
の「何らかのしくみ」はsbtをはじめとしていくつかの選択肢があります。

■ sbt

　詳細については後の章に譲りますが、Scalaにはsbt[注50]という広く利用されて
いるビルドツールがあります。

　sbtは基本的にはScalaプログラムのコンパイルおよびパッケージビルドを行
うためのツールですが、それだけでなくタスクの実行もできるので、テストの
実行などプログラム開発に必要な作業はすべてsbtでできるようになっていま
す。また、sbtプラグインを実装すれば誰でも拡張できるようにもなっていま

注50) http://www.scala-sbt.org/

第1章 | Scala ひとめぐり

す。

　sbt以外では、Gradle、Mavenといった、主にJavaでの開発向けのビルドツールでもScalaソースコードのコンパイルを行うプラグインは提供されています。しかし、sbtはLightbend社に所属するエンジニアがScalaコアチームと連携しながらフルタイムワークで精力的に開発しているツールです。最もScalaのビルドに最適化されたビルドツールと言えるでしょう。

　これまで試してきたREPLもsbtではconsoleというコマンドで起動できます。REPLを起動するためにscalaコマンドを入れている場合は、実はsbtさえあればscalaコマンドがインストールされていなくてもかまいません。scalaコマンドと違ってsbtでREPLを起動する場合は、利用するScalaのバージョンを切り替えることも簡単にできます。

　以下はset scalaVersion := {version}でScalaのバージョンを切り替えてconsoleを立ち上げ直しているコマンド例です。

```
$ sbt

sbt:scalabook> scalaVersion
[info] 2.12.7

sbt:scalabook> console
Compiling...
[info] Starting scala interpreter...
Welcome to Scala 2.12.7 (Java HotSpot(TM) 64-Bit Server VM, Java 1.8.0_181).
Type in expressions for evaluation. Or try :help.

scala> :q

sbt:scalabook> set scalaVersion := "2.11.8"
[info] Defining *:scalaVersion
[info] Reapplying settings...
[info] Set current project to scalabook (in build file:/scalabook/)

sbt:scalabook> console
[info] Starting scala interpreter...
Welcome to Scala 2.11.8 (Java HotSpot(TM) 64-Bit Server VM, Java 1.8.0_181).
Type in expressions for evaluation. Or try :help.

scala> :q
```

　このようにsbtなどのScalaのビルドツールとJDKさえあれば、Scalaのプログラムのコンパイルと実行、パッケージングだけでなく、REPLの実行まで必要な作業はすべて可能です。scala/scalacがインストールされていなくても

36

ビルドツールの利用 | **1-8**

よいという理由がご理解いただけたでしょうか？

なお、本書でも基本的にはsbtを利用しますので、sbtの公式サイト[注51]にアクセスしてセットアップしてみてください。scalaコマンドと同様macOSをお使いであればHomebrewを使って**brew install sbt**でインストールするだけでOKです。ほかの環境ではダウンロードしてPATHを通してください。

sbtの設定が完了すれば、任意のディレクトリで**sbt console**を実行すると、先ほどのscalaコマンドと同様にREPLが起動します。sbtを起動する際の注意点としてsbtはカレントディレクトリに***.scala**ファイルがあるとそのソースコードをコンパイルしますので、できれば不要なScalaのソースコードが置かれていないディレクトリで起動するほうがよいでしょう。また**target**という名前のディレクトリ[注52]がsbtを起動したディレクトリに自動的に生成されます。都合が悪い場合、別のディレクトリに移動してから起動してください。

* * *

以上、「Scalaひとめぐり」と題して、Scalaを始めるにあたって必要な情報をできるだけ簡潔かつ丁寧に紹介しました。いかがだったでしょうか？　まずはScalaを書き始めることができたかと思いますので、次の章からはより詳細についてみていきましょう。

注51）http://www.scala-sbt.org/
注52）ビルドの結果ファイルを出力する先として使用されます。

第2章

Scalaの基礎

　本章ではScalaプログラムを扱ううえで基礎となる型や構文について解説します。

　まず、Scalaで取扱う基本的な型（データ型）について説明したうえで、Scalaの型の根幹に関わるいくつかの型についても言及します。

　Scalaはオブジェクト指向言語です。そこで、オブジェクト指向言語において基本となるクラスの定義方法について説明します。さらに、通常のプログラミング言語に備わっている制御構文および、より発展的な機能としてトレイトなどについても紹介します。

第2章 Scalaの基礎

2-1 基本的な型

本節ではScalaの中で特に基本的な型を扱います。Java言語でいうプリミティブ型に加え、実用上非常によく扱う型をいくつか紹介します。

■ Scalaの型階層

まずはScalaにおける型の全体像を見てみましょう。ScalaはJavaなどのオブジェクト指向言語的な型階層を持ったプログラミング言語ですが、Scala特有の部分もあります。Scalaの型階層の全体像を図2-1に示します。ここで、矢印の先がスーパータイプ(継承元)[注1]で、矢印のもとがサブタイプ(継承先)[注2]です[注3]。Any、AnyRef、AnyValなどについてはのちほど解説しますので、まずこの図でScalaの型階層のイメージをつかんでください。

それぞれの型は次のような役割を持ちます。これらについてものちほど詳細について説明するので、この時点でわからなくても心配しないでください。

図2-1：Scalaの型階層

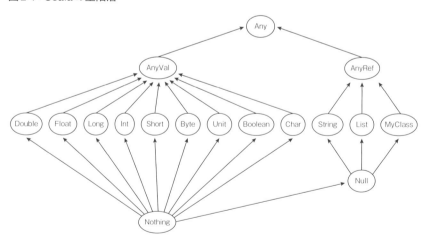

- 注1) ある型Aが別の型Bが要求されているところに利用可能なとき「BはAのスーパータイプである」と言います。
- 注2) ある型Aが別の型Bが要求されているところに利用可能なとき、「AはBのサブタイプである」と言います。
- 注3) 「スーパータイプ」「サブタイプ」は「スーパークラス」「サブクラス」と近い意味を持ちますが、型上の関係にフォーカスしており、厳密には違う意味を持ちます。たとえばNothingはすべての型のサブタイプですが、すべてのクラスのサブクラスではありません。

基本的な型 | 2-1

- Any：すべての型のスーパータイプ
- AnyVal：値型のスーパータイプ
  - Byte：1バイト符号付き整数
  - Short：2バイト符号付き整数
  - Char：UnicodeのU+0000からU+FFFFまでを表す型
  - Int：4バイト符号付き整数
  - Long：8バイト符号付き整数
  - Float：4バイト浮動小数点数
  - Double：8バイト浮動小数点数
  - Boolean：真または偽の二値をとる型
  - Unit：何も返すものがないことを表す型（CやJavaにおけるvoid）
- AnyRef：いわゆる参照型のスーパータイプ
  - StringやList、ユーザの定義したクラス
  - Null：すべての参照型のサブタイプ
- Nothing: すべての型のサブタイプ

　Scalaの型階層は、すべての型のスーパータイプである**Any**とすべての型のサブタイプである**Nothing**があり、すべての型はその間のどこかに入るという点で、Javaのように、例外が多い型階層に比べて一貫性があります。
　ここからはそれぞれの型について見ていきましょう。

■ 数値型

　まず、主に数値を表現する型について説明します。ほかのプログラミング言語を学んだ多くの方は、このような数値を表現する型について馴染みがあることかと思います。

Int —— 32ビット符号付き整数

　Int型はJavaのint型に相当する型で、32ビット符号付き整数を表現します。配列の添字など上限がInt型と同じあることも多いため、数値型の中でも最もよく使われる型の一つです。Int型が表現できる範囲は-2,147,483,648から

41

第2章 Scalaの基礎

2,147,483,647 までです。

1や2、-1、100など、Int型が表現できる範囲の数値をそのまま書くとInt型のリテラルになります。これらの値は実際にScalaのREPLに打ち込んで試してみることができます。たとえば、以下のようになります。

```
scala> 1 + 2
res0: Int = 3

scala> 3 * 4
res1: Int = 12
```

Javaのクラスファイルにコンパイルされる際、Int型の値は特別な事情がある場合を除いてJava(JVM)のint型に変換されます。

Long —— 64ビット符号付き整数

Long型はIntと同様にJavaのlongに相当する型で、64ビット符号付き整数を表現します。主にInt型に収まらない範囲の整数を扱いたいときに利用します。Long型が表現できる範囲は-9,223,372,036,854,775,808から9,223,372,036,854,775,807までです。

1Lや2L、100000L、2000000Lなど、Long型が表現できる範囲の数値に続けてLまたはlを書くとLong型のリテラルになります。以下はREPLでの入力例です。入力した値の型がLong型として認識されていることや、Long型の値どうしの加算がLong型になることがわかります。

```
scala> 1L
res0: Long = 1

scala> 2L
res1: Long = 2

scala> 1L + 2L
res2: Long = 3
```

Byte —— 8ビット符号付き整数

Byte型は8ビット符号付き整数を表す型で、名前のとおり1バイトの整数です。文字列のバイト表現や、バイナリファイルを扱うとき、ビット演算をするときなどに使います。Byte型が表現できる範囲は-128から127までです。C、

基本的な型 | 2-1

C++、C#などの言語と違って符号なしの整数は存在しないため、ビット演算などの際には注意が必要です。また、Byte型どうしの加減乗除の結果はInt型になることにも注意する必要があります。

Byte型のリテラルは存在しませんが、-128から127までの数値をByte型で宣言した変数にそのまま代入できます。以下はREPLでの入力例です。Byte型の範囲を超える整数リテラルをByte型の変数に代入できないことや、Byte型どうしの加算結果はInt型になることがわかります。

```
scala> val a: Byte = -128
a: Byte = -128

scala> val b: Byte = 128
<console>:11: error: type mismatch;
 found   : Int(128)
 required: Byte
       val b: Byte = 128
                     ^

scala> val c: Byte = 127
c: Byte = 127

scala> a + c
res0: Int = -1
```

Short —— 16ビット符号付き整数

Short型は16ビット符号付き整数を表す型です。Short型を使う機会は実用上あまり多くありませんが、「Byteが扱える範囲外の数値を扱いたいがInt(4バイト)だとメモリを消費し過ぎる」といったときに、Short型(2バイト)を使うことでメモリを節約できます。

Byte型と同様にShort型のリテラルは存在しませんが、-32,768から32,767までの整数リテラルをShort型で宣言した変数にそのまま代入できます。以下はREPLでの入力例です。

43

第 2 章 | Scala の基礎

```
scala> val a: Short = 32767
a: Short = 32767

scala> val b: Short = 32768
<console>:11: error: type mismatch;
 found    : Int(32768)
 required: Short
       val b: Short = 32768
                      ^

scala> val c: Short = -32768
c: Short = -32768

scala> val d: Short = -32769
<console>:11: error: type mismatch;
 found    : Int(-32769)
 required: Short
       val d: Short = -32769
                      ^

scala> a + c
res0: Int = -1
```

Char —— 16ビット符号なし整数

Char 型は 16 ビット符号なし整数を表す型です。特に Unicode の U+0000 から U+FFFF までに対応することを想定されている型で、文字型として扱うことが一般的です。'a' や 'b'、'c'、'1'、'2'、など、1 文字をシングルクオートで囲むと Char 型のリテラルになります。改行文字やタブ文字などは \(エスケープ文字)を付ける必要があります。たとえば、次のような文字を表現する場合にエスケープ文字を使う必要があります。

- \r と \n で表される改行記号
- \t で表されるタブ文字
- \uxxxx で表されるユニコードエスケープ
  - Unicode のコードポイント(2 バイト)を 16 進数表記で直接指定する方法
  - たとえば \u0022 は " と同じ意味になる

以下は REPL での入力例です。

基本的な型 | 2-1

```
scala> '\n'
res0: Char =

scala> '\r'
res1: Char =

scala> '"'
res2: Char = "

scala> '\u0022'
res3: Char = "
```

Double ── 64ビット浮動小数点数

　Double型はIEEE 754にもとづく64ビット浮動小数点数型です。Scalaで浮動小数点数を扱うときはこの型で扱うことが基本になります。1.0、1.5、2.0、2.5d、2.6Dなど、小数表記、あるいはそれにdまたはDを付けることでDouble型のリテラルになります。ただし、dやDはあえて付けないことが多いでしょう。

　以下はREPLでの入力例です。

```
scala> 1.0
res0: Double = 1.0

scala> 1.5
res1: Double = 1.5

scala> 2.0
res2: Double = 2.0

scala> 2.5d
res3: Double = 2.5

scala> 2.6D
res4: Double = 2.6
```

Float ── 32ビット浮動小数点数

　Float型はIEEE 754にもとづく32ビット浮動小数点数型です。Double型より使う機会は少ないですが、大量の浮動小数点数を扱う場合など消費メモリ容量が重要な場面にFloatを使うとメモリを節約できる可能性があります。1.0f、1.5F、2.0F、3.0Fのように、小数表記に加えて末尾にfまたはFを付けると、

45

第2章 | Scalaの基礎

Float型のリテラルになります。

以下はREPLでの入力例です。表示される型がちゃんとFloatになっていることがわかります。

```
scala> 1.0f
res0: Float = 1.0

scala> 1.5F
res1: Float = 1.5

scala> 2.0F
res2: Float = 2.0

scala> 3.0F
res3: Float = 3.0
```

Boolean —— 真偽値

Boolean型はtrueまたはfalseの2つの値のみを持つ型です。厳密にはBooleanは数値型ではありませんが、基本的な型ということでここにまとめました。Boolean型の値は、ifやwhileの条件式の値や何らかのフラグのために使われます。

```
scala> true
res0: Boolean = true

scala> false
res1: Boolean = false

scala> true || true
res2: Boolean = true

scala> true || false
res3: Boolean = true

scala> false || false
res4: Boolean = false

scala> true && true
res5: Boolean = true

scala> true && false
res6: Boolean = false
```

基本的な型 | 2-1

■ Scalaに特有の型

本項では、ほかのプログラミング言語にはあまり見られない比較的Scala独自の（というと語弊がありますが）型について説明します。具体的には、Unitや Nothing、AnyValやNullといった型です。

Unit —— 意味のある値を持たない型

Unit型はJavaのvoidとほぼ同じ役割を持つ型です。voidは型ではないキーワードであり特殊な扱いを受けるのに対して、Unitは唯一の値である()を持つ通常の型です。唯一の値を持つというのは意味のある値を返さないことと同じですから、voidと同様であると考えることができます。内部実装としても、Javaでvoidを返すメソッドを呼び出した場合はvoidはUnitにマップされます。

以下では、putsメソッドという、引数の文字列を出力してUnit型の値を返す（≒voidな）メソッドを定義しています。

```
def puts(value: String): Unit = {
  println(value)
}
puts("Hello, World!")
```

また、以下ではUnit型の値を変数に代入しています。Unitはvoidと異なり普通の型であるため、このようなことが可能になります。

```
scala> ()

scala> val x: Unit = ()
x: Unit = ()

scala> val y: Unit = x
y: Unit = ()
```

AnyVal/AnyRef/Any —— 型をまとめるための型

AnyVal型をユーザが直接扱うことはほとんどありませんが、Javaにおける基本型をまとめるための型として定義されています。実際に図2-1で示したとおり、これまで挙げてきたByte、Short、Int、Long、Float、Double、Booolean、

47

第2章 | Scalaの基礎

UnitはすべてAnyValのサブクラスとして定義されています。

一方AnyRefはすべての参照型[注4]をまとめるための型です。AnyRefは主にユーザ（標準ライブラリで定義されているものを含む）が定義した型のスーパータイプを指します。図2-1でMyClassがAnyRefを継承していましたが、これは、ユーザが定義したクラスは必ずAnyRefを継承したものになることを意味しています。

Anyはすべての型のスーパークラスで、AnyRefだけでなくAnyValのスーパークラスになります。AnyRefはJavaのjava.lang.Object型に相当しますが、AnyはJavaの基本型も含むため、Javaに相当するものはありません。

Null —— Javaのnullのための型

Scalaでは一般的にnullを直接使うことはありませんが、Javaのメソッドなどを呼ぶときや、値が返ってくるときにnullが必要なことがあります。そのような用途のために、Scalaではnullも使うことができます。

Null型はそんなnullのための型です。Nullはすべての参照型のサブクラスとなっています。Nullはただ一つの値nullを持ちます[注5]。Nullはあくまでnull値を型の階層の中に組み込むために用意されているもので、実際にNull型を直接扱う場面はほとんどありません。以下はREPLでの例です。

```
scala> null
res0: Null = null

scala> val x: Null = null
x: Null = null

scala> val y: Null = "FOO"
<console>:11: error: type mismatch;
 found   : String("FOO")
 required: Null
       val y: Null = "FOO"
                     ^
```

図2-1のとおりNull型はAnyRef型とNothing型の間にある型です。

注4) Javaではjava.lang.Objectを継承したすべてのクラスに相当します。参照型は、その参照（ポインタ）がどこを指しているかで比較可能であるという特徴を持ちます。

注5) すべての参照型、つまりAnyRefのサブクラスに代入できる値は、Javaではnullになりますが、それと同じようなものです。

基本的な型 | **2-1**

Nothing ── すべての型のサブタイプとなる型

Nothing型はすべての型のサブタイプである特殊な型です。Nothingは値を持たない型で、例外を投げたりメソッドからreturnしたりして、途中でプログラムの実行が中断されることを表すのに使われます。

Nothingにはいくつかの使い方があります。

まず、実装していないメソッドに対してとりあえず与える型として機能します。たとえば、以下のコードは、戻り値型がIntでまだ実装がないメソッドaddを表しますが、コンパイルできます(addを呼び出すと例外が投げられます)。???は標準ライブラリで定義されているメソッドで、呼び出されると例外を投げます。???の型はNothingであり、NothingはIntのサブタイプであるため、Int型を返すメソッドにも適合します。

```
scala> def add(x: Int, y: Int): Int = ???
add: (x: Int, y: Int)Int

scala> add(1, 2)
scala.NotImplementedError: an implementation is missing
  at scala.Predef$.$qmark$qmark$qmark(Predef.scala:284)
  at .add(<console>:11)
  ... 28 elided
```

また、ある条件が成立したときに例外を投げるコード、たとえば以下のようなメソッドを考えてみます。このメソッドrequirePositiveは、nが正の整数でないときに例外を投げます。ここでthrow new IllegalArgument...の型がNothingであるため、if式全体の型がIntとNothingの共通の親の型であるIntとなり、うまく型が適合します。

```
def requirePositive(n: Int): Int =
  if (n > 0) n else throw new IllegalArgumentException("n must be positive")
```

ここでは詳しくは述べませんが、後述するジェネリクスと組み合わせて、空のコレクションの要素型として使うこともあります。たとえば、空のListであるNilはList[Nothing]を継承しています。

■ String ── 文字列を表す型とそのリテラル

String型は文字列を表現する型です。Scalaの String型は、実はJavaの

49

第2章 Scalaの基礎

String型とまったく一緒なので、文字列の操作にはJavaのメソッドをそのまま使うことができます。

ただし、リテラルに関してはScala特有の話もありますから、以下ではそれについて解説します。

単一行文字列リテラル

通常（単一行）の文字列を表すには"で文字の並びを囲みます。たとえば以下が単一行の文字列リテラルです。

- "Hoge"
- "Foo"
- "Bar"

"という文字自体を表す場合は、\でエスケープして、\"と書きます。Char型の項で説明したエスケープシーケンスやユニコードエスケープは文字列リテラルでも同様に使うことができます。以下はREPLでの入力例です。

```
scala> "Hoge"
res0: String = Hoge

scala> "Foo"
res1: String = Foo

scala> "Hoge\r\nHoge"
res2: String =
Hoge
Hoge

scala> "Hoge\\u0022Hoge"
res3: String = Hoge\u0022Hoge
```

文字列リテラルの中での\は単独でエスケープ文字の開始とみなされ、かつ、ユニコードエスケープの開始である\は別とみなされるため、実際に使う場合には\\のように2つを重ねる必要があります。

複数行文字列リテラル

Scalaでは複数行の文字列を表すリテラルも存在します。複数行の文字列リ

基本的な型 | 2-1

テラルは、"""で開始して、"""で終了します。

たとえば、REPLでの入力例は以下のようになります。

```
scala> """
     | This is
     | a multiline String
     | literal
     | """
res0: String =
"
This is
a multiline String
literal
"
```

複数行文字列リテラルではエスケープシーケンスを指定することはできず、それらを指定した場合は直接解釈されます。たとえば以下の例は、改行コードではなく、'\r\n'の4文字からなる文字列を表します。

```
scala> """\r\n"""
res0: String = \r\n
```

stripMargin —— 複数行文字列リテラルの字下げを調整する

複数行文字列を字下げして書いた場合、たとえば以下のように記述した場合、字下げの空白が文字列にそのまま入ります。

```
scala> """
     |    This is
     |    a multiline String
     |    literal
     | """
res0: String =
"
   This is
   a multiline String
   literal
"
```

これが不都合な場合は、以下のように文字列リテラルに対して組み込みメソッドstripMarginを呼び出すことで、|が出現するまでの空白文字を除去できます。引数としてChar型の値を渡せば、|の代わりにほかの文字を使うこともできます。

第2章 | Scalaの基礎

```
scala> """ | This is
         |     | a multiline String
         |     | literal """.stripMargin
res0: String =
" This is
 a multiline String
 literal "
```

文字列補間 ── 文字列の中に式を埋め込む

　以下のように、文字列リテラルの前にsを付けると、式を埋め込むことができます。

```
scala> s"1 + 2 = ${1 + 2}"
res0: String = 1 + 2 = 3
```

　これはいわゆる数式に限りません。以下のように変数の参照やコレクションの参照など任意の式を埋め込んでも文字列に変換してくれます。

```
scala> val a = 1
a: Int = 1

scala> s"a = $a"
res0: String = a = 1

scala> s"${List(1, 2, 3, 4)}"
res1: String = List(1, 2, 3, 4)
```

　この機能を文字列補間（*string interpolation*）と呼びます。文字列補間は複数行の文字列リテラルに対しても有効です。

```
scala> s""" | ${1 + 2}
         |     | ${2 + 3}
         |     | ${3 + 4} """.stripMargin
res1: String =
" 3
 5
 7 "
```

■ タプル ── 複数の型の組み合わせ

　Scalaには複数の型を簡単に組み合わせるための型として、タプルがあります。たとえば、Int型のx座標とy座標からなる点のようなものを簡単に作成で

基本的な型 | 2-1

きます。以下のコードは、(10, 20)という点をタプルで表現したものです。

```
// x座標を10、y座標を20とする
val p: (Int, Int) = (10, 20)
// 1番目の要素を取り出す
p._1  // 10
// 2番目の要素を取り出す
p._2  // 20
```

(Int, Int)の部分をタプル型と呼びます。複数の値(この場合は2つ)を, で区切って( )で囲むことで、タプル型の値を作成できます。また、コード例をみるとわかるように、タプル型のN番目の要素(Nは1から始まります)にアクセスするには、p._Nのように書きます。

「複数の型」と書いたとおり、タプルの要素は3個以上でも問題ありません。以下のコードは、(30, 40, 50)という点をタプルで表現したものです。

```
// x座標を30、y座標を40、z座標を50とする
val p: (Int, Int, Int) = (30, 40, 50)
// 1番目の要素を取り出す
p._1  // 30
// 2番目の要素を取り出す
p._2  // 40
// 3番目の要素を取り出す
p._3  // 50
```

タプルの個々の要素にアクセスする際には本章の後半で解説するmatch式を使って分解することが多いです。たとえば以下のようになります。

```
// x座標を30、y座標を40、z座標を50とする
val p: (Int, Int, Int) = (30, 40, 50)
p match {
  // タプルを分解する
  case (x, y, z) =>
    println(x) // 30
    println(y) // 40
    println(z) // 50
}
```

第8章で出てくる型メンバを使って、タプル型に別名を付けることもできます。

53

第2章 | Scalaの基礎

```
// Pointと書いたら(Int, Int, Int)と同じ意味になる
type Point = (Int, Int, Int)
val p: Point = (60, 70, 80)
```

タプルの個々の要素の型は違っていてもよいので次のような定義も可能です。

```
// タプルの1番目の要素が名前、2番目の要素が年齢ということにする
val person: (String, Int) = ("Taro", 18)
person._1 // "Taro"
person._2 // 18
```

なお、タプルの要素数は3個以上でも問題ないと書きましたが、現時点では上限は22個に制限されています[注6]。

2-2 クラスを定義する

ここまででScalaに組み込まれている型のいくつかについて説明してきました。しかし、実用的なプログラミングで、あらかじめ定義された型だけで用が足りることはまれです。たとえば、以下のようにさまざまなケースが考えられます。

- Int型のx座標とy座標を持った点のデータ(Point)を一つのまとまりとして扱いたい
- ユーザ名、パスワードを持ったユーザ情報を一つのまとまりとして扱いたい
- 複素数を表す型を定義したい

Scalaでは、自分で型を定義する[注7]方法として以下の2通りの方法があります。

- クラスを定義する
- トレイトを定義する

注6) TuppleN(Nは要素数)というクラスで表現されており、これがTuple22までしか存在しないためです。
注7) プログラマが定義する型のことを「ユーザ定義型」と呼ぶことがあります。

クラスを定義する | 2-2

　本節ではこのうちの前者について、クラスが必要とされる理由と、クラスの定義方法、使い方を簡単に説明します。なお、後者については次節で扱います。

　まず、先ほど挙げたPointを定義することについて考えてみましょう。これは、次のようにして使うことが想定できます。

```
// x座標が10、y座標が10の点を作る
val p1: Point = new Point(10, 10)
// x座標が100、y座標が100の点を作る
val p2: Point = new Point(100, 100)
// 2点間の距離を計算する
println(p1.distance(p2))
// 2点のx座標の差を計算する
println(math.abs(p1.x - p2.x))
// 2点のx座標、y座標を足し合わせる
println(p1 + p2)
```

　これ以外にもPointに対して定義したい演算はいろいろ考えられますが、さしあたってはこの例で示したような次の性質を持つクラスPointを構築する方法について説明していきます。

・x座標とy座標を指定してPointを構築できる
・distanceによって2点間の距離を計算できる
・+によって2点の座標を足すことができる

　先回りして例示しておくと、以下がPointクラスの完成形になります。

```
class Point(val x: Int, val y: Int) {
  def distance(that: Point): Int = {
    val xdiff = math.abs(this.x - that.x)
    val ydiff = math.abs(this.y - that.y)
    math.sqrt(xdiff * xdiff + ydiff * ydiff).toInt
  }

  def +(that: Point): Point =
    new Point(x + that.x, y + that.y)
}
```

　クラスPointが以下のように定義されていることに注目してください。

・xとyという変数を持っている

55

第2章 | Scalaの基礎

・new Point(x, y)という形で、Point型のオブジェクトを作成可能
・Pointに対して可能な操作（distance、+）はメソッドという形で定義する

　新しく定義した型のデータを作り出せなければ困りますし、そのデータが持っている変数に対するアクセスや、データどうしの演算機能が必要とされるわけです。まとめると、クラスは以下の要素を持っています。

・フィールド
　そのデータが保持するべき変数（x、y）
・メソッド
　そのデータに対して可能な操作（distance、+）
・コンストラクタ
　データを作り出すとき（new Point(x, y)のとき）に呼び出される手続き

■ クラスパラメータとプライマリコンストラクタ

　Pointの定義のうち、まずは下記の箇所について見てみましょう。

```
class Point(val x: Int, val y: Int) {
```

　ここでは以下のことを宣言しています。

・クラスPointを定義すること
・そのフィールドとしてxとyを持つこと
・コンストラクタの引数はxとyの2つであること

　Javaなどのオブジェクト指向言語では、フィールドの宣言とコンストラクタに渡される引数は別であることも多いですが、Scalaでは一緒に宣言してしまうことが多いです。
　ScalaではPointのあとに( )で囲まれた部分の定義をクラスパラメータ（*class parameter*）と呼びます。また、クラスパラメータと実行される本体部分を合わせて、プライマリコンストラクタ（*primary constructor*）と呼びます。クラスパラ

56

クラスを定義する | 2-2

メータを伴わないコンストラクタ定義の方法もあり、セカンダリコンストラクタと呼びますが、あまり使わないのでここでは紹介しません。

■ メソッド —— データに関する操作

メソッド（*method*）はクラスで表現されたデータに関する操作を定義するものであり、よりざっくばらんに言ってしまえばクラスに定義された関数のようなものです。Pointクラスでは、以下のdistanceと+がメソッドの定義になります。

```
def distance(that: Point): Int = {
  val xdiff = math.abs(this.x - that.x)
  val ydiff = math.abs(this.y - that.y)
  math.sqrt(xdiff * xdiff + ydiff * ydiff).toInt
}

def +(that: Point): Point =
  new Point(x + that.x, y + that.y)
```

メソッドの定義はdefで始まり、続いてメソッド名、()で囲んで引数のリスト、メソッドの戻り値の型、=に続いてメソッドの本体を書くという形式になります。これをより一般的な形式に書き直すと、次のような形になります。

```
def メソッド名(引数名1: 引数の型1, 引数名2: 引数の型2, ...): 戻り値の型 = 式

def メソッド名(引数名1: 引数の型1, 引数名2: 引数の型2, ...): 戻り値の型 = {
  式1
  式2
  ...
}
```

式や制御構文については、「制御構文」の節で詳しく説明します。

■ フィールド —— クラスの実体が含む値

すでに軽く説明しましたが、フィールド（*field*）は、クラスの実体が含む値を保持するためのものです。フィールドは先ほどのプライマリコンストラクタによっても定義できますが、クラス定義の中で別途定義することもあります。読み取り専用フィールドと読み書き両用フィールドはそれぞれvalとvarを使って定義できます。

57

第2章 | Scalaの基礎

```
// 読み取り専用フィールド
val フィールド名: フィールドの型 = 初期化式

// 読み書き両用フィールド
var フィールド名: フィールドの型 = 初期化式
```

　フィールド定義の文法を使うと、Pointの定義を次のように書き換えること
ができます。

```
class Point(vx: Int, vy: Int) {
  val x = vx
  val y = vy
  ...
}
```

　先ほどの例と違い、（）で囲まれたクラスパラメータ部分からvalがなくなっ
ています。クラスパラメータからvalを取り除くことでフィールドの宣言はさ
れなくなります。また、xとyの定義ではクラスパラメータをそのまま代入して
います。xとyを書き換え可能にするには、以下のようにvarを使います。

```
class Point(vx: Int, vy: Int) {
  var x = vx
  var y = vy
  ...
}
```

　読み書き両用フィールドの定義では、初期値の式に_を書くことができます。
その場合、初期値はその型のデフォルトの値になります。型ごとのデフォルト
値は次のとおりです。

・Byte：0

・Short：0

・Char：0

・Int：0

・Long：0L

・Float：0.0F

・Double：0.0D

・Boolean：false

58

・Unit：()

・それ以外：null

たとえば以下のコード例の場合、someNumberの初期化時の値は0となります。

```
var someNumber: Int = _
```

ただし、フィールドは値を変更する必要が生じない限り、valで読み取り専用にするのが望ましいでしょう。フィールドに対してアクセスするには、インスタンス名に.を付け、それに続いてフィールド名を入力します。たとえば、以下のようにしてPointのフィールドにアクセスできます。

```
val p = new Point(10, 20)
println(p.x) // 10
println(p.y) // 20
```

■ クラスの継承

似通った構造や目的を持ったクラスをひとまとめにして共通の性質をくくりだし、共通の「スーパークラス」を定義し、そのクラスとの差分を定義した「サブクラス」を定義することで、プログラムの見通しをよくできる場合があります。多くのオブジェクト指向プログラミング言語では、そのために継承(*extend*)というメカニズムを提供しています。Scalaも同じように、継承を提供しています。

継承のための例として、「図形」と「三角形」「四角形」を表すクラスを表現することを考えてみます。名前はそれぞれ、Shape、Triangle、Rectangleとします。これらに対してdrawメソッドを呼び出すことで、その図形の大きさなどを表示してくれるものとします。

まず、Shapeクラスは次のように定義できます。

第2章 | Scalaの基礎

```scala
abstract class Shape {
  def draw(): Unit = {
    println("不明な図形")
  }
}
```

Shapeは実際には何の図形かわからないため、drawメソッドにはとにかく図形であることを表示するための実装をしています。また、Shapeクラスをそのままでnewされると困りますので、後述するabstract修飾子を付けて「抽象クラス」として宣言することで、直接newされることを防いでいます。

これを継承したTriangleとRectangleについては次のようになります(実際には、個々の辺の長さや構成する点についての情報を与える必要がありますが、省略しています)。

```scala
class Triangle extends Shape {
  override def draw(): Unit = {
    println("三角形")
  }
}

class Rectangle extends Shape {
  override def draw(): Unit = {
    println("四角形")
  }
}

class UnknownShape extends Shape
```

extendsのあとにスーパークラス名を指定することで、クラスを継承できます。それぞれのクラスのdrawメソッドの実装では、defの前にoverrideキーワードを付けて、Shapeのdrawの実装をオーバーライド(上書き)することを宣言しています。

使うときは次のようにします。

```scala
var shape: Shape = new Triangle
shape.draw() // 三角形
shape = new Rectangle
shape.draw() // 四角形
shape = new UnknownShape
shape.draw() // 不明な図形
```

呼び出したdrawの実体は、shapeの中に入っているクラスのインスタンスに

よって変わります。オブジェクト指向言語において一般的に「多態性」や「ポリモーフィズム」と呼ばれる機能です。このようにすることで、共通の型Shapeでプログラムを扱いつつ実際には違うメソッドが呼び出されるということが可能になります。

2-3 トレイトを定義する

前節で、クラスを定義しほかのクラスを継承する方法について説明しました。クラスの継承を使うことによって、

- ・同じ型によって複数の型を扱う（多態性）
- ・実装の再利用（メソッドのオーバーライド）

を行うことができるようになったわけですが、Scalaでは継承元の親を1つしか指定できません。これは、歴史的にJavaの仕様を引き継いだという面と、複数のクラスを継承できるようにすると難しい問題が発生するためです（どのような問題が発生するのかについては省略します）。

その代わりにScalaでは、クラスから**new**でインスタンス化する機能を省いた、トレイト（*trait*）と呼ばれる要素を定義できます。Javaで言えばインタフェース注8に近い機能ですが、メソッドのシグニチャをまとめるだけでなく、メソッドの中身をも定義できる点が特にインタフェースと異なります。また、クラスがトレイトを継承することをミックスイン（*mix-in*）と呼びます。

トレイトの例として「名前を持つ（Namable）」という性質を定義してみます。**Namable**は**name**という名前を表すフィールドと、そのフィールドを標準出力に出力する**display()**という2つのメンバを持ちます。

```scala
trait Namable {
  val name: String
  def display(): Unit = println(name)
}
```

注8) Java 8以降では、インタフェースがメソッドの実装を持てるので、よりトレイトに近くなっています。

第2章 | Scalaの基礎

このトレイトをミックスインして、Employee(従業員は「名前を持つ」という
わけです)クラスを定義します。

```
class Employee(val name: String) extends AnyRef with Namable
```

extendsでスーパークラスを指定したあとに、withで区切ってミックスイン
するトレイトを指定できます注9。このEmployeeクラスは次のようにして使うこ
とができます。

```
val taro = new Employee("太郎")
taro.display() // 「太郎」と表示される
```

しかし、これだけでは普通の継承とあまり変わりがありません。トレイトの
真価は複数のトレイトをミックスインできるところにあるので、また別のトレ
イトを定義してみましょう。以下のような、「列挙可能な(Enumerable)」性質を
持ったトレイトです。まだ出てきていない概念がいくつかありますが、ここで
は気にしないでください。以下のことさえ理解できていれば十分です。

・foreachに関数fを渡すと、Enumerableをミックスインしたクラスを「列挙可
　能な」クラスとみなして、そこに所属する要素を順番にfに渡して呼び出す

・そのほかのメソッドはすべてforeachの呼び出しで定義されているため、
　foreachメソッドを実装するだけで、ほかのメソッドがすべて手に入る

注9) この説明は厳密には正しくありませんが、実際にプログラムを書くときこのように考えて問題ありません。

トレイトを定義する | **2-3**

```scala
import scala.collection.mutable.Buffer
trait Enumerable[A] {
  def foreach[B](fun: A => B): Unit

  // それぞれの要素にfを適用し、そこから集められたListを返す
  final def map[B](f: A => B): List[B] = {
    var members = Buffer.empty[A]
    foreach {m =>
      members += f(m)
    }
    members.toList
  }

  // それぞれの要素にpを適用し、pがtrueを返し要素だけからなるListを返す
  final def filter(p: A => Boolean): List[A] = {
    val members = Buffer.empty[A]
    foreach{m =>
      if (p(m)) members += m
    }
    members.toList
  }

  // 要素をListとして返す
  final def toList: List[A] = {
    val members = Buffer.empty[A]
    foreach{m =>
      members += m
    }
    members.toList
  }
}
```

　ここでは`map`、`filter`、`toList`の3つのメソッドの実装だけを挙げましたが、ほかのいろいろなメソッドを`foreach`を用いて定義できます。この**Enumerable**トレイトとNamableトレイトを用いて、店を表す**Shop**クラスを定義してみます。**Shop**クラスは名前を持ち、店員(**Staff**)のリストを持っています。

63

第2章 | Scalaの基礎

```scala
class Staff(val name: String, val age: Int)

class Shop(val name: String) extends AnyRef with Enumerable with Namable {
  private[this] staffs: List[Staff] = List("太郎", "花子")

  // foreachの実装を提供する
  override def foreach[B](f: A => B): Unit = staffs.foreach(f)
  ...
}


...
val shop = ...
// shop.filter(x => x.age >= 20) と同じ
shop.filter(_.age >= 20) // 20歳以上の店員のリストを作る

// shop.map(x => x.name) と同じ
shop.map(_.name) // 店員の名前のリストを作る

shop.toList // 店員のリストを取得
shop.display() // 店の名前を出力
```

　このように、2つのトレイトEnumerableとNamableをミックスインし、両方の機能をShopクラスから利用できています[10]。実用的なプログラムで複数の実装を持ったトレイトをミックスインしたいことはあまりないかもしれませんが（ですので、今回の例はやや強引です）、汎用ライブラリを作るときにはしばしばそのような状況に遭遇します。トレイトはそのような状況で特に威力を発揮する機能だと言えます。

　なお、トレイトを定義するには一般的には次のように書きます。

```scala
trait トレイト名 extends スーパートレイト1 with スーパートレイト2 ... {
  ...
}
```

　トレイトをミックスインするクラスの定義は以下のようになります。

```scala
class クラス名 extends スーパークラス with スーパートレイト ... {
  ...
}
```

注10) ちなみにEnumerableトレイトはRubyの同名のモジュールを参考にしたものです。

64

特別なメソッド名 | 2-5

2-4 Scalaにおけるstatic

　多くのオブジェクト指向言語では「対象となるオブジェクトが存在しないが、何らかの手続きを定義したい」という場合に、それをクラスに所属するメソッドとして定義する機能があります。たとえばJavaやC#ではこれを実現するためにstaticというキーワードを使ってオブジェクトに属さない手続きを定義できます。

　しかし、Scalaにはそれらの一般的なオブジェクト指向言語と違って、クラスに所属するメソッドを定義するための構文が存在しません。Scalaでそれに相当するものを定義するにはオブジェクト（object）を定義します。オブジェクトを定義する構文は次のようになります。ここでextends以降は省略可能です。

```
object オブジェクト名 extends スーパークラス with スーパートレイト ... {
  フィールド定義またはメソッド定義
}
```

　たとえば次のコードでは、オブジェクトFooを定義し、その中に、文字列「foo」を出力するメソッドfooを定義したことになります。

```
object Foo {
  def foo(): Unit = {
    println("foo")
  }
}
```

2-5 特別なメソッド名

　Scalaには、コンパイラによって特別扱いされるメソッド名があります。本節ではそれらについて紹介します。

■ apply ── オブジェクトを関数のように呼び出す

　オブジェクトの特定のメソッドを呼び出したいときに、オブジェクトを関数

65

第2章 | Scalaの基礎

のように呼び出せると便利なことがあります。

　たとえば、配列に対する添字アクセス arr(i)(arr と i は配列と整数だとします)は配列に対する関数呼び出しのように見えますが、実際には arr.apply(i) と解釈されます。また、List を作成するときに List(1, 2, 3) のように書くことができますが、これは List.apply(1, 2, 3) と解釈されます。Scala ではこのように、オブジェクトに対する関数呼び出しのようなことを行うと、apply メソッドを呼び出したと解釈されます。

　apply メソッドを自分で定義する例を示します。以下のプログラムでは、2つの引数を足すメソッド apply を持ったオブジェクト Add を定義しています。

```
object Add {
  def apply(x: Int, y: Int): Int = x + y
}
```

　定義した Add オブジェクトはオブジェクト名だけで関数のようにして使うことができます。以下がその利用例です。

```
Add.apply(1, 2) // 3
Add(1, 2) // 3
Add.apply(2, 4) // 6
Add(2, 4) // 6
```

　apply というメソッド名を持ったオブジェクトに対してまるで関数のような形の呼び出しができるため、「関数っぽい」オブジェクトへの操作を簡潔に書きたいときにこの機能をよく使います。

■ update ── コレクションの要素への代入

　Scala の配列では、以下のようにして要素数を指定して配列を生成します。

```
val x = new Array[Int](10)
```

　そして、これに対して x(0) のようにしてアクセスできます。すでに述べたとおり、これは配列が apply メソッドを持っているからできることです。

　さらに、x(0) = 1 のようにして配列の要素に代入できます。このコードが x.update(0, 1) に変換されるためです。すなわち、update メソッドさえ定義しておけばコレクションの要素への代入のようなものを実装できるのです。

66

ケースクラス —— メソッドを自動生成する | 2-6

自分でupdateメソッドを実装する機会は少ないですが、サードパーティの
ライブラリなどで利用することもあるので覚えておいて損はありません。

■ unary_ —— 前置演算子の実装

クラスのメソッド名として、unary_に続いて、+、-、!、~の4種類の文字が
来たときだけ、Scalaコンパイラはこれらのメソッド名を特別扱いします。具
体的に言うと、unary_に続いた文字を前置演算子のように扱うことができるの
です。

たとえば、次のようなMyStringクラスの定義をみてみましょう。

```
class MyString(val content: String) {
  def unary_! : String = "!" + content
}
```

unary_!を定義しているため、!を前置演算子として使うことができます。実
際、次のようにしてMyStringクラスを使うことができます。

```
val s = new MyString("Taro")
!s // !Taro
```

自分でこのようなメソッドを定義することはそれほど多くありませんが、組
み込みの値クラスは前置メソッドを実装していることがあります。

たとえば、!trueという式があったとき、これはBooleanクラスの値に対す
るunary_!メソッドの呼び出しになっています。Scalaではなるべく多くの処
理を特別扱いせずメソッドとして扱っているのですが、そのためにもこのよう
なしくみは有用です。また、整数に対して符号(+および-)を付けるのも、unary_+
およびunary_-メソッドの呼び出しとして処理されます。

2-6 ケースクラス —— メソッドを自動生成する

「クラスを定義する」の節で、以下のようにしてクラスを定義できることを見
てきました。

67

第2章 | Scalaの基礎

```scala
class Point(val x: Int, val y: Int)
```

しかし、この定義だけでは次のような問題があります。

・Mapのキーになれない（hashCodeとequalsメソッドがオーバーライドされ
　ていないため）
・toStringメソッドを呼び出したときの結果が見づらい
・明示的にnewでインスタンスを生成する必要がある

　これを解決するには、定義を足す必要があります。たとえば、以下のように
なります。

```scala
class Point(val x: Int, val y: Int) {
  override def hashCode(): Int = x + y
  override def equals(that: Any): Boolean = that match {
    case that: Point => x == that.x && y == that.y
    case _ => false
  }
  override def toString(): String = "Point(" + x + "," + y + ")"
}
object Point {
  def apply(x: Int, y: Int): Point = new Point(x, y)
}
```

　このコードでは、hashCode、equals、toStringメソッドをオーバーライド
したうえで、Pointのコンパニオンオブジェクト（第8章で詳述します）を定義
し、そこにapplyメソッドを定義しています。
　しかし、このような冗長なコードを自動的に生成してくれる機能があります。
それがケースクラス（case class）です。上記のコードは、ケースクラスを使って
以下のように記述できます。

```scala
case class Point(x: Int, y: Int)
```

　10行ほどもあったコードがたった1行になりました。このPointクラスは以
下のようにMapのキーになることができます。

68

制御構文 | 2-7

```
val map = Map(Point(10, 10) -> 1, Point(20, 20) -> 2)
map(Point(10, 10)) // 1
map(Point(20, 20)) // 2
```

　さらに、ケースクラスとして定義することで、以下のようにmatch式で取り扱うことができるようになります。

```
val p = Point(1, 2)
p match {
  case Point(x, y) =>
    println(x) // 1
    println(y) // 2
}
```

　ケースクラスは、クラスがほとんどメソッドを持たず、値を持ち運ぶために使われるときに威力を発揮します。クラスが値を持ち運ぶために使うパターンは「Value Object」と呼ばれ、頻出します。積極的に使っていきましょう。

2-7 制御構文

　本節ではメソッドの定義の際に登場した「式(*expression*)」について詳しく説明しますが、それにあたって「式」という用語について簡単に触れておきます。

■ 式とは

　「式(*expression*)」は、プログラムを構成する部分のうち評価[注11]することで値になるものです。たとえば**1 + 1**や**1.0 + 2.0**などです。これらは評価することによって、**2**と**3.0**という値になります。式の評価が成功しない場合は値が得られないことに注意してください。たとえば、型が**Nothing**の式は評価が必ず失敗します。

　では、式ではないものがあるかというと、ほかのプログラミング言語における「文」に相当するものがあります。「文」という用語について明確な定義はありませんが、実行しても値にならないものです。たとえば変数の定義を表現した**val a = 1**は文と言えます。

注11)「式の値を計算すること」程度の意味にとらえてください。

第2章 | Scalaの基礎

　Scalaでは多くの構文がいわゆる「文」ではなく「式」です。後の章でも解説しますが、この特徴によって、変更可能な変数を排除したコードが書きやすくなっています。

　たとえば、Scalaでは多くの言語におけるいわゆるif「文」も式です。以下のプログラムを実行すると、（3は4より小さいので）「a」が出力されます。C系の言語では、式として使うためにif文とは別に条件演算子と呼ばれるものが定義されていることが多いですが、Scalaではそのような構文を用意する必要がないのです。

```
val ab = if (3 < 4) "a" else "b"
println(ab)
```

　多くの言語では関数やメソッドから値を返す際にreturn文と呼ばれる特別な制御構文が必要になりますが、Scalaではメソッドや関数の本体が式であり、その式を評価した値が戻り値になるため、return文は必ずしも必要になりません。実際には、Scalaにも実行途中で制御を返す目的でreturn式が用意されていますが、本章では省略します。

■ ブロック式 —— 複数の式をまとめる

　Scalaではほかの多くの言語と異なり、式の並びを{}で囲んだものそれ自体も式となります。Scalaで一般的な用語ではありませんが、以降、これをブロック式と呼ぶことにします。ブロック式は次の形をとります。

```
{ 式1; 式2; ... 式N; }
```

　式1から式Nはいずれも式です。式が改行で区切られていれば;は省略できます。ブロック式は式1から式Nを順番に評価し、式Nを評価した値を返します。

　次の式では「Hello」が出力され、最後の式である1 + 1の結果である2が値になっていることがわかります。

```
scala> { println("Hello"); 1 + 1 }
Hello
res0: Int = 2
```

　なお、Scalaでは次のような形でメソッド定義をすることが多いですが、{}

はブロック式がメソッドの本体に現れただけです。

```
def foo(): String = {
  "foo" + "foo"
}
```

■ if式 —— 条件分岐する

if式は条件分岐のための構文です。その見た目も含めて、CやC++、C#、Java
などのif文とほとんど同じように使うことができます。if式の構文は次のよ
うになります。

```
if（条件式）then式 else else式
```

条件式はBoolean型である必要があります。また、else else式は省略でき
ます。then式は条件式がtrueのときに評価される式で、else式は条件式が
falseのときに評価される式です。

さっそくif式を使ってみましょう。

```
scala> var num = 40
num: Int = 50

scala> if (num < 50) {
     |    true
     | } else {
     |    false
     | }
res0: Boolean = true

scala> num = 50
num: Int = 50

scala> if (num < 50) {
     |    true
     | } else {
     |    false
     | }
res1: Boolean = false
```

変数numが50より小さければtrue、そうでなければfalseを返すようにし
ています。

Scalaの制御構文はすべて式であり、必ず何らかの値を返します。Javaで三

第2章 | Scalaの基礎

項演算子?:を見たことがある人もいるかもしれませんが、同様に値が必要な場面ではif式を使います。

なお、elseが省略可能だと書きましたが、その場合は以下のようにUnit型の値が補われたのと同じ意味になります。

```
if（条件式）then式 else ()
```

■ while式 ── ループする

while式はループのために使われます。if式と同様に、while式の構文もJavaなどのwhile文と非常によく似ています。while式の構文は次のようになります。

```
while（条件式）本体式
```

ここでも条件式はBoolean型である必要があります。while式は、条件式がtrueの間、本体式を評価し続けます。while式も式なので値を返しますが、while式には適切な返すべき値がないのでUnit型の値()を返します。本章ですでに解説したとおりUnit型はJavaのvoidに相当するもので、返すべき値がないときに使われ、唯一の値()を持ちます。

while式を使って1から10までの値を出力してみましょう。

```
scala> var i = 1
i: Int = 1

scala> while (i <= 10) {
     |   println("i = " + i)
     |   i = i + 1
     | }
i = 1
i = 2
i = 3
...
i = 9
i = 10
```

Javaでwhile文を使った場合と同様です。なお、do while式もありますが、ほぼJavaと同じなので説明は省略します。

72

制御構文 | 2-7

■ for式 ── 強力な制御構文

Scalaには for式という制御構文がありますが、これはJavaの制御構文と似た使い方ができるものの、まったく異なる構文です。for式の本当の力を理解するには flatMap、map、withFilter、foreach という4つのメソッドについて知る必要がありますが、本項では基本的な for式の使い方のみを説明します。詳細については第4章で説明しますので、心配しないでください。

for式の基本的な構文は次のようになります。

for (ジェネレータ1; ジェネレータ2; ... ジェネレータN) 本体式

個々のジェネレータは**変数名 <- 式**という形で定義されます。**変数名1**から**変数名N**までは好きな名前のループ変数を使うことができます。**式1**から**式N**までに書ける式はさしあたって、範囲を表す式を使えると覚えておいてください。たとえば、**1 to 10**は1から10まで(10を含む)の範囲で、**1 until 10**は1から10まで(10を含まない)の範囲です。

それではさっそく for式を使ってみましょう。

```scala
scala> for (x <- 1 to 3; y <- 1 until 3){
     |    println("x =" + x + " y = " + y)
     | }
x =1 y = 1
x =1 y = 2
x =2 y = 1
x =2 y = 2
x =3 y = 1
x =3 y = 2
```

xを1から3まで、yを1から2までそれぞれループして、xとyの値を出力しています。ここではジェネレータを2つだけにしましたが、数を増やせば何重にもループを行うことができます。

これは、Javaで以下のように書くのと同じです。

```java
for (int x = 1: x <= 3; x++) {
    for (int y = 1; y <= 3; y++) {
        System.out.printf("x = %d y = %d%n", x, y);
    }
}
```

73

第2章 | Scalaの基礎

for式ではループ中に条件にあったものだけを絞り込むこともできます。until
のあとでif x != yと書いていますが、これはxとyが異なる値の場合のみを
抽出したものです。

```
scala> for (x <- 1 to 3; y <- 1 until 3 if x != y){
     |   println("x =" + x + " y = " + y)
     | }
x =1 y = 2
x =1 y = 3
x =2 y = 1
x =3 y = 1
x =3 y = 2
```

for式はコレクションの要素を一つ一つたどって何かの処理を行うことにも
利用できます。「1」「2」「3」の3つの要素からなるリストをたどってすべてを出
力する処理を書いてみましょう。

```
scala> for (e <- List(1, 2, 3)) println(e)
1
2
3
```

さらに、for式はたどった要素を加工して新しいコレクションを作ることも
できます。先ほどのリストの要素すべてに1足してみましょう。

```
scala> for (e <- List(1, 2, 3) yield {
     |   e + 1
     | }
res0: List[Int] = List(2, 3, 4)
```

yieldというキーワードが重要です。for構文でyieldキーワードを使うこ
とで、コレクションの要素を加工して返すという用途に使うことができます。
yieldキーワードを使ったfor式を特別に「for-comprehension」と呼ぶことがあ
ります。

■ match式 —— パターンマッチ

Scala、SML、OCaml、Haskellといったいわゆる関数型プログラミング言語
は、「パターンマッチ」と呼ばれる機能を持っていることが多いです。パターン
マッチとは何かをひとことで表すのは難しいので、いくつかの例を用いてパター

制御構文 | **2-7**

ンマッチの力をお見せしましょう。Scalaでパターンマッチを行う方法の一つ
に、match式という制御構文があります。

値比較による分岐

最もわかりやすい使い方として、C系言語における**switch-case**のような使
い方、つまり「ある値と別の値を比較して、一致した場合に一連の式を評価す
る」というものがあります。

```scala
scala> val i = 5
i: Int = 5

scala> i match {
     |     case 0 => "A"
     |     case 1 => "B"
     |     case 2 => "C"
     |     case 3 => "D"
     |     case 4 => "E"
     |     case 5 => "F"
     |     case _ => "?"
     | }
res0: String = F
```

対象となる式をまず指定して、そのあとにキーワードmatch、続いて**{}**で囲
んで条件分岐を指定します。個々の条件分岐は**case パターン => 式**という形
で記述します。

この例では、変数iに入っている値を検査するために、0から5まで並べてど
れに該当するかを調べています。また、**case _**はそれまで列挙したどのケース
にもマッチしないということを表します。最初にiに5を代入しているため、
case 5にマッチし、結果は「F」となります。match自体も式なので値を返して
いることに注目してください。

データの分解と取り出し

match式をリストのようなデータ構造に対して用いることで、データの分解
と取り出し、条件分岐を一度に行うことができます。

以下のプログラムでは、要素として順に1、2、3、4、5を持ったリストを
listに代入し、その内容によって分岐させています。List(1, 2, 3)は要素
として順に1、2、3を持ったリストにマッチします。そのほかのものについて

第2章 | Scalaの基礎

も同様です。

```scala
scala> val list = List(1, 2, 3, 4, 5)
list: List[Int] = List(1, 2, 3, 4, 5)

scala> list match {
     |    case List(a, b, c, d, e) =>
     |      println(a, b, c, d, e)
     |    case _ =>
     |      println("?")
     | }
(1,2,3,4,5)

scala> list match {
     |    case List(1, 2, 3) =>
     |      println(1, 2, 3)
     |    case List(1, 2, 3, 4) =>
     |      println(1, 2, 3, 4)
     |    case List(1, 3, 2, 4, 5) =>
     |      println(1, 3, 2, 4, 5)
     |    case List(a, b, c, d, e) =>
     |      println("5要素のリスト")
     | }
5要素のリスト
```

　なお、`case`は、上から順にマッチが行われ、複数の`case`にマッチする可能性がある場合は、もっとも上のものが選ばれます。`List(a, b, c, d, e)`のように小文字で始まる名前が出てきた場合は、その値はなんでもよいということを意味します。そのうえで、リストの内容が変数`a`、`b`、`c`、`d`、`e`に代入されることに注目してください。

　このように`match`式は、リストの構造による条件分岐とその中からの値の分解と取り出しを一度に行うことができる強力な構文です。

再帰関数との組み合わせ

　`match`式の「値の分解と取り出し、条件分岐を一度に行うことができる」という特徴と再帰関数とを組み合わせることで、アルゴリズムを簡潔に記述できる場合があります。

　以下のメソッド`reverse`は引数のリストを逆順にするものですが、パターン`::`によってリストを分解することで非常に簡潔にコードを記述できています。なお、`x::xs`は`::(x, xs)`の略記法です。まだ出てきていない記法が使われていますが、その点については読み飛ばして「リストを逆順にするというメ

76

制御構文 **2-7**

ソッドは、match式を使うとこのように書けるのだ」と思って眺めてみてください。

```scala
scala> def reverse[A](list: List[A], result: List[A]): List[A] = list match {
     |     case x::xs => reverse(xs, x::result)
     |     case Nil => result
     | }
reverse: [A](list: List[A], result: List[A])List[A]

scala> reverse(List(1, 2, 3), Nil)
res3: List[Int] = List(3, 2, 1)
```

　パターン x::xs は1要素以上のリストにマッチし、先頭要素を x に、残りのリストを xs に代入して、本体を評価します。パターン Nil は空リストにマッチします。

ガード式

　ガード式を用いて、パターンにマッチして、かつ、ガード式（Boolean型でなければならない）にもマッチしなければ右辺の式が評価されないような使い方もできます。

```scala
scala> val lst = List("A", "B", "C", "D", "E")
lst: List[String] = List(A, B, C, D, E)

scala> lst match {
     |     case List("A", b, c, d, e) if b != "B" =>
     |       println("b=" + b)
     |       println("c=" + c)
     |       println("d=" + d)
     |       println("e=" + e)
     |     case _ =>
     |       println("nothing")
     | }
nothing
```

　ここでは、パターンマッチのガード条件に「Listの2番目の要素が『B』でないこと」という条件を指定したため、最初の条件にマッチせず _ にマッチしたのです。

パターンのネスト

　パターンはネストすることもできます。以下は、リストの最後から2番目の

77

第2章 | Scalaの基礎

要素を取り出すメソッド last2 の定義です。要素が2つ以上ない場合は sys.
error メソッドを使って例外を発生させています。

```scala
scala> def last2[A](list: List[A]): A = list match {
     |   case x::_::Nil => x
     |   case x::xs => last2(xs)
     |   case _ => sys.error("list should have 2 elements at least")
     | }
last2: [A](list: List[A])A

scala> last2(List(1, 2, 3))
res0: Int = 2

scala> last2(List(1))
java.lang.RuntimeException: list should have 2 elements at least
  at scala.sys.package$.error(package.scala:27)
  at .last2(<console>:14)
  ... 28 elided
```

パターン x::_::Nil は先ほどと同様に、::(x, ::(_, Nil)) の略記法です。
パターンがネストできるということの意味がなんとなくわかるのではないでしょ
うか？

match式の一般形

このように非常に強力な match 式ですが、その一般的な構文は以下のように
記述できます。

```
対象式 match {
  case パターン1 if ガード式1 =>
    式1-1
    式1-2
    ...
    式1_N
  case パターン2 if ガード式2 =>
    式2-1
    ...
  case ... =>
  case パターンM if ガード式M =>
    式M-1
    式M-2
    ...
    式M-N
}
```

パターン1からパターンMで記述した部分が「パターン」の本体です。if に続

78

制御構文 **2-7**

いてBoolean型の式を書くと、その評価結果が**true**になる場合にのみマッチするようにできます（省略可能です）。**=>**に続いて、パターンにマッチしたあとに評価される式の列**式M-1**から**式M-N**を書くことができます。

パターンには、次のようなものを書くことができます。

- **リテラルパターン**
  1、true、false、"FOO"のようなもの。CやJavaなどの言語におけるコンパイル時定数に相当するものを書ける
- **変数パターン**
  a、bのような小文字で始まるパターンは、すべてのケースにマッチし、マッチした部分が変数に代入される
- **コンストラクタパターン**
  ::(1, ::(2, Nil))や::(a, b)のようなもの。ここで、パターンの引数部分には再帰的にパターンを書くことができる。後者のケースでは、コンストラクタパターンの中に変数パターンがネストしていることになる
- **イクストラクタパターン**
  コンストラクタパターンと形式は同じだが、パターンの名前部分がケースクラス以外のものを指している場合。List(a, b, c, d, e)などはイクストラクタパターン
- **中置パターン**
  x::xsやx::y::xsのように、コンストラクタパターンと類似しているものの、パターンを識別するための記号が真ん中に来ているもの。コンストラクタパターンとできることに違いはないものの、より簡潔に記述できる場合がある
- **パターン選択**
  1 | 2のように、複数のパターンのいずれかにマッチするパターンを表す
- **型パターン**
  x : Intのように、対象が特定の実行時の型であるときにのみマッチするパターンを表す

79

第2章 | Scalaの基礎

■ 例外機構

Javaなどの比較的新しいプログラミング言語注12には、エラー処理を簡潔に記述するために、例外(*exception*)と呼ばれる機構が用意されていることが多いです。例外は通常、次の2つの組み合わせとなっています。

・例外を「投げる」構文
・例外を「受け取って」何らかの処理を記述する構文

以下のJavaプログラム UsingException では、divide というメソッドをまず定義しています。

```
public class UsingException {
    public static int divide(int m, int n) throws Exception {
        if (n == 0) throw new Exception("0除算エラー");
        return m / n;
    }
    public static void main(String[] args) {
        // コマンドライン引数を整数として解釈
        int n = Integer.parseInt(args[0]);
        try {
            System.out.println(divide(10 / n));
        } catch (Exception e) {
            System.out.println(e.getMessage());
        }
    }
}
```

divide では、m を n で割った結果を返しますが、n が 0 のときは、「0除算エラー」というエラーメッセージを持った例外(Exception)を投げます(throw 文)。また、main の中では、コマンドライン引数を整数として解釈して、10をその値で割った結果を表示していますが、0の場合例外が投げられるため、catch 節で例外を受け取って処理する必要があります(try 文)。

Scalaの例外も基本的にJavaのそれと同様で、throw と try/catch の組み合わせによって実現されています。以下では、Scalaの例外機構を見ていきます。

注12) Javaはすでに古いと思われるかもしれませんが、ここではプログラミング言語の歴史からみると新しい言語であると位置づけています。

制御構文 **2-7**

throw式

throw式はJavaの**throw**文とほぼ同じ働きをします。Javaと同様に、**Throwable**を継承した例外クラスのインスタンスなら何でも投げることができます。

```
scala> throw new RuntimeException("実行時例外！")
java.lang.RuntimeException: 実行時例外！
  ... 28 elided
```

throw式の構文は以下のとおりです。

```
throw 式
```

ここで、式はJavaの**Throwable**を継承したクラスのインスタンスでなければなりません。

try式

Javaと同様に、Scalaにも例外を受け取るための構文があり、**try**式と呼びます。以下のようなコードで、例外を捕捉できます（**RuntimeException**を投げるのはあまりよいことではありませんが）。

```
scala> try {
     |     throw new RuntimeException("実行時例外！")
     | } catch {
     |   case e: Exception => println(e.getMessage)
     | }
実行時例外！
```

より一般的には次のような構文になります。

```
try 式 catch {
  case パターン1 =>
    ...
  case パターン2 =>
    ...
  case パターンN =>
    ...
}
```

try式の中に例外を投げる可能性のある式を書き、**catch { }**の中に例外クラスに関するパターンおよび、それにマッチしたときに評価される式の並びを

81

第2章 | Scalaの基礎

書きます。

■ ローカルメソッド

クラスやトレイト、オブジェクト直下に定義されたわけではないメソッドというものがScalaには存在します。それらのメソッドはローカルメソッドと呼ばれ、特にどこにも属しません。以下のfactorialメソッドの中では、ローカルメソッドfを定義して呼び出しています。

```
def factorial(n: Int): Int = {
  def f(m: Int, x: Int): Int = if (m == 0){
    x
  } else {
    f(m - 1, x * m)
  }
  f(n, 1)
}
```

ここで、ローカルメソッドfはfactorialの外側から見えませんので、比較的短い名前を使っても問題ありません。多くのオブジェクト指向言語ではクラス単位で隠蔽されますが、Scalaではもっときめの細かい制御ができるわけです。

2-8 修飾子

Scalaはほかの多くのプログラミング言語と同様(Scalaはオブジェクト指向言語でもあります)に、クラスやトレイトのメンバへのアクセスを制限したり、特定の性質を持つことを宣言するための修飾子を持っています。本節ではそのような修飾子について学びます。

■ デフォルトではどこからでもアクセス可能

Scalaでは、アクセス修飾子に特に何も指定しない場合、Javaにおけるpublicを指定したものと同じ扱いになります。したがって、以下のprintメソッドはどこからでもアクセスできます。

修飾子 | 2-8

```
class Printer(x: Int) {
  def print(): Unit = println(x)
}

// 呼び出せる
(new Printer(1)).print()
```

publicなメソッドは「クラスを外部から使うときに呼び出せるメソッドを定義したい」という場合に使います。

■ private —— 定義したクラスやトレイト内のみアクセス可能にする

privateを指定したメンバはそのクラスやトレイト内のみからアクセス可能になります。したがって、次のようなメソッドの呼び出しは許されません。

```
class Printer(x: Int) {
  private def print(): Unit = println(x)
}

// 呼び出せない
(new Printer()).print()
```

privateなメンバは「そのクラスの中で実装上必要ではあるが、利用者にはそれを公開したくない」という場合に使います。また、privateだけだと、同じクラスであれば別のインスタンスからもアクセス可能ですが、private[this]とすると、そのインスタンス以外からは呼び出せなくなります。

■ protected —— 継承先のクラスやトレイト内からもアクセス可能にする

protectedを指定したメンバは、そのクラスやトレイト、あるいはそれらを継承したクラスやトレイト、オブジェクトからのみアクセス可能になります。次のクラスSuperはprotectedなメソッドputsを定義しています。

```
class Super {
  protected def puts(message: String): Unit = {
    println(message)
  }
}
```

83

第2章 | Scalaの基礎

このクラスを継承したSubからputsにアクセスできます。

```
class Sub extends Super {
  def sub(): Unit = {
    puts("sub()")
  }
}
```

一方、それ以外の場所からアクセスすることはできません。次のプログラム
はコンパイルエラーになります。

```
class User {
  val m = new Super
  // コンパイルエラー
  m.puts("User")
}
```

protectedはちょうどprivateとpublicの間に位置するもので、「クラスの
利用者には公開したくないが、クラスを継承する人には公開したい」という場合
に使います。

■ lazy ── 計算の一部を遅らせる

「評価が一度しか行われないことが決まっているものの、その計算を可能な限
り遅らせたい」という要求がしばしばあります。たとえば、円を表す次のような
クラス定義を考えてみます。

```
class Circle(x: Int, y: Int, radius: Int) {
  val area: Double = radius * radius * math.PI
}
```

areaは円の面積を格納するフィールドです。しかし、Circleに対して面積
を求める計算が行われるかどうかはわかりませんから、Circleを生成するたび
に面積を求めるのは計算コストの面からいって無駄です。ここでlazyを使って
次のようにすると、areaが最初に呼び出されたときだけ面積の計算が行われ、
それ以降は計算された値が使われます(中のprintlnはareaが2回呼び出され
ても1回しか表示されないことの確認です)。

修飾子 | 2-8

```
scala> class Circle(x: Int, y: Int, radius: Int) {
     |   lazy val area: Double = {
     |     println("面積を計算します")
     |     radius * radius * math.Pi
     |   }
     | }
defined class Circle

scala> val c = new Circle(0, 0, 5)
c: Circle = Circle@7c950b3b

scala> c.area
面積を計算します
res0: Double = 78.53981633974483

scala> c.area
res1: Double = 78.53981633974483
```

このように、計算の一部を遅らせたい場合にlazyは役に立ちます。

■ final —— オーバーライドを防ぐ

「あるメソッドをこれ以上オーバーライドされたくない」という場合がありま
す。そんなときは、メソッドに対してfinalを付けることでオーバーライドを
防ぐことができます。使い方は以下のようになります。

```
scala> class Super {
     |   final def foo: Unit = println("Foo")
     | }
defined class Super

scala> class Sub extends Super {
     |   override final def foo: Unit = println("Sub")
     | }
<console>:13: error: overriding method foo in class Super of type => Unit;
 method foo cannot override final member
         override final def foo: Unit = println("Sub")
                            ^
```

■ abstract —— 継承先のクラスでの実装を要求する

「あるクラスではメソッドを実装しないが、そのサブクラスのどこかでメソッ
ドを実装させたい」という場合があります。

たとえばSuperというクラスのfooというメソッドを直接／間接に継承した

85

第2章 Scalaの基礎

クラスで実装してほしいとします。このようなクラスに対しては以下のように abstractを付ける必要があります。

```
abstract class Super {
  def foo: Unit
}
```

ただし、Javaと異なり、メソッド自体にはabstractを付けない(付けられない)ことに注意が必要です。メソッドをabstractにするには、メソッド定義の=以降を省略して改行を入れます。

2-9 ジェネリクスと型パラメータ

クラスやトレイトは0個以上の型をパラメータとして持つことができます。「型をパラメータとして持つ」と言ってもピンと来ないかもしれませんので、具体例を挙げて説明しましょう。

たとえば、配列はその要素の型を与えることで初めて具体的な配列になることができます。Scalaでは、Array[Int]やArray[String]のように、[]の中にパラメータとして与える型を記述します。このように型をパラメータとして与えることで、コンテナの要素型などを抽象化し、プログラムを柔軟に構築するための機能を「ジェネリクス」と呼びます(ほかの言語では多相型と呼ぶこともあります)。

例に挙げた配列は言語組み込みの要素ですが、Scalaではユーザが定義したクラスやトレイトが型をパラメータとして受け取ることができるようになっています。

ジェネリクスを使ったクラスの文法は次のようになります。

```
class クラス名[型パラメータ1, 型パラメータ2 ...](クラスパラメータ) {
  フィールド定義またはメソッド定義
}
```

例として、単一の要素を保持して、要素を入れる(put)か取り出す(get)操作ができるクラスCellを定義てみましょう。

ジェネリクスと型パラメータ | **2-9**

```
class Cell[A](var value: A) {
  def put(newValue: A): Unit = {
    value = newValue
  }

  def get: A = value
}
```

　クラス名である Cell に続いて、[] で囲んで A と書いてあります。これが型パラメータと呼ばれるものです。型パラメータは、プログラマがあとで Cell を利用するときに与えるものです。型パラメータは、そのクラス定義の中ではほかの型と同じように使うことができます。

　Cell クラスは次のようにして使うことができます。

```
val cell = new Cell[String]("Hello")
println(cell.get) // Hello
cell.put("World")
println(cell.get) // World
// cell.put(1)はコンパイルエラー
```

　Cell のインスタンスを生成するときに型パラメータとして String を与えているため、それ以外の型の要素を put しようとするとコンパイルエラーになるのがポイントです。ジェネリクスを使うことで、クラスを定義時には予測できない要素の型に対応すると同時に、そのような要素を安全に扱うことができるようになるのです。

　なお、ジェネリクスに慣れていない人が勘違いすることがあるのですが、別の型パラメータを与えたクラスは型としては別物です。たとえば、Cell[Int] と Cell[Float] はどちらかがもう一方のサブタイプではありません（Int と Float は別の型であるため）。型パラメータのどちらかがサブタイプであるケース、たとえば Cell[Any] と Cell[Int] の場合（Int は Any のサブタイプ）もデフォルトではどちらかがサブタイプになったりはしません。ただし、2つの型パラメータのうちどちらかがもう一方のサブタイプである場合、第3章のコラムで解説される変位指定を使うことで、どちらかをもう一方のサブタイプにすることも可能です。

　あとで詳しく紹介するコレクションを含め、Scala においてジェネリクスは非常に大きな役割を果たしています。たとえば、リストを扱うときに次のよう

87

第2章 | Scalaの基礎

に記述することがありますが、リストはジェネリクスを用いて（言語組み込みで
なく）標準ライブラリとして定義されています。

```
val names: List[String] = List("A", "B", "C", "D", "E")
```

2-10 名前空間とモジュール分割

　プログラムを開発するときには、ほかの人が開発したライブラリを組み合わ
せることが一般的です。このようなとき、ほかの人が開発したライブラリと自
分が開発した部分とで名前が衝突するのを防ぐ必要があります。

　たとえば、GUIの部品を「ウィジェット」や「コンポーネント」と称することは
よくありますが、他人が作ったライブラリがすでにWidgetやComponentとい
う名前を使っていて、自分の開発しているプログラムでそのような名前を使え
なくなるのは困ります。そのため多くのプログラミング言語では、そのような
名前に対して接頭辞を付けるための「名前空間(*namespace*)」と呼ばれる機能を提
供するのが一般的です。

　また、1人か多人数かを問わず、プログラムの規模が大きくなってきたとき
に、プログラムを複数の部分に分割し、ほかの部分を知らなくても特定の部分
を開発できるようにすることがよくあります（このようなやり方を「モジュール
分割」などと呼んだりします）。本節ではScalaの名前空間やモジュール分割に
関連する機能について紹介します。

■ パッケージ

　パッケージ(*package*)は、クラスやオブジェクト、トレイトが所属する単位で
す。クラスやオブジェクト、トレイトは必ず何らかのパッケージに所属します。
パッケージはScalaにおける名前空間を表現する機能です。

　パッケージは、ファイル冒頭で以下のようにして宣言します。

88

```
package com.github.taisukeoe
```

　基本的にはJavaのパッケージと同様に、ドメイン名を逆順にしたものをパッケージ名にする慣習となっています。ドメイン名を逆順にしたものをパッケージ名にすることで、ほかの人が開発したプログラムとパッケージ名との衝突を防ぐことができます。

■ パッケージオブジェクト

　パッケージには、クラスやオブジェクト、トレイトしか所属できないという制限があります。一方で、パッケージに直接メソッドを宣言したいということがあります。そのような場合、パッケージオブジェクト(*package object*)という機能を使います。

　パッケージオブジェクトはパッケージと類似していますが、以下の点が異なります。

・packageキーワードに続いてobjectキーワードを使って宣言すること
・{}で囲む必要があること

　以下がパッケージオブジェクトの例です。

```
package com.github.taisukeoe

package object mypackage {
  def hello(): Unit = {
    println("Hello")
  }
}
```

　パッケージの使い方(インポートの方法)については次で説明しますが、先ほど宣言したhelloメソッドは以下のようにして使うことができます。

```
import com.github.taisukeoe.mypackage.hello
hello() // Hello
```

第2章 Scalaの基礎

■ インポート

インポート(*import*)は、ほかのパッケージやオブジェクトで定義された名前を短い名前で参照するために利用します。実際にはインポートを使わずに完全修飾名(*fully qualified name*)注13だけですべてを記述することも可能ですが、複数回参照する名前についてはインポートによって短く書けるようにするのが一般的です。以下が通常の形式のインポートです。

```
import com.github.taisukeoe.scalabook.Book
```

パッケージ名に続いて、インポートしたいクラスやオブジェクト名を記述しています。この例では、Bookという名前でcom.github.taisukeoe.scalabook.Bookを参照できるようになります。

以下の形式では、ScalaBookという名前でcom.github.taisukeoe.scalabook.Bookが参照できるようになります。インポートした名前どうしが衝突する場合にこの形式のインポートを用います。

```
import com.github.taisukeoe.scalabook.{Book => ScalaBook}
```

また、あるパッケージやオブジェクトに所属するすべてのメンバをインポートしたい場合があります。その場合は次のように記述します。

```
import com.github.taisukeoe.scalabook._
```

この例では、com.github.taisukeoe.scalabookに所属するすべてのメンバをインポートしています。このようなインポートをワイルドカードインポートなどと呼びます。ただしこれを多用すると、プログラム中に現れる名前がどのパッケージに所属しているのかわかりにくくなる危険性があるため、注意が必要です。

注13) たとえば、パッケージcom.github.taisukeoe.scalabookで宣言されたBookという名前は、com.github.taisukeoe.scalabook.Bookという完全修飾名で常に参照できます。

90

暗黙の型変換 | 2-12

2-11 無名クラス

あるクラスを継承したクラスのインスタンスをその場で作りたいことがあります。たとえばJavaの**Thread**クラスを使いたいとき、**Thread**クラスを継承したクラスのインスタンスをその場で作ることができると便利です。Javaではこのような場合無名クラスを使いますが、Scalaでも同様の構文があります。

次のコードで、1から10までの数を出力するスレッドを生成して実行できます。

```scala
new Thread {
  override def run(): Unit = {
    for(i <- 1 to 10) println(i)
  }
}.start()
```

Javaで同じことをするには、次のようになるでしょう。

```java
(new Thread() {
  @Override public void run() {
    for(int i = 1; i <= 10; i++) {
      System.out.println(i);
    }
  }
}).start();
```

細かな構文上の差異を除けば同様に使えることがわかります。

2-12 暗黙の型変換

Scalaには暗黙の型変換(*implicit conversion*)と呼ばれる機能があります。暗黙の型変換は、ある型に対して別の型が適合しなかった場合に起動する、型の変換処理をユーザが定義できる機能です[注14]。

暗黙の型変換は次のようにして定義します。

注14) 暗黙の型変換を定義する場合、`import scala.language.implicitConversions`をファイルに書かなければ警告が出ます。これは、この機能が濫用されるのを防ぐためです。Scalaコンパイラへのオプションで指定する方法もありますが、それについては第6章を参照してください。

91

第2章 | Scalaの基礎

```
implicit def メソッド名(引数名: 引数の型): 戻り値の型 = 式
```

　式には戻り値の型になる任意の式を書くことができます。このとき、**引数の型**から**戻り値の型**への暗黙の型変換を定義したことになります。

　暗黙の型変換は大きく分けて2通りの場合に適用されます。以降、それぞれついて説明します。

■ 互換性のない型が渡される場合

　ある型Aが期待されている箇所で、互換性のない別の型Bの式が渡され、型Bから型Aへの暗黙の型変換が定義されているような場合に暗黙の型変換が適用されます。

　たとえば、整数(Int)の0を**false**、それ以外の値を**true**とみなしたいとします。この場合、Aに相当するのがBooleanで、Bに相当するのがIntになります。このような暗黙の型変換を定義するには、以下のようにします。

```
implicit def intToBoolean(n: Int): Boolean = n != 0
```

　この定義のもとで以下のような式を書くと、「1 is true」が出力されます。

```
if (1) {
  println("1 is true")
}
```

　ただし、これは説明のための例です。既存の型への暗黙の型変換は型安全性を壊すおそれがあるため、現在は推奨されていません。

■ 存在しないメソッドが呼び出される場合

　ある型Aに対してメソッドmが呼ばれたとき、Aから別の型Bへの暗黙の型変換が定義されており、Bにメソッドmが定義されているときに適用されます。このケースでは、結果として、既存の型に対してメソッドが追加されたかのように見せかけることができます。現在使われている暗黙の型変換の大半の使い方は、このような、既存の型に対してメソッドが追加されたかのように見せかけるためです。

　例として、正の整数かどうかをBooleanで返す**isPositive**メソッドをInt

92

暗黙クラス —— 既存のクラスにメソッドを付け足す ┃2-13

に付け足したいとします。そのとき、次のようにしてクラス`RichInt`（名前は何でもかまいません）および`Int`から`RichInt`への暗黙の型変換を定義します。

```
class RichInt(val self: Int) {
  def isPositive: Boolean = self > 0
}
implicit def enrichInt(self: Int): RichInt = new RichInt(self)
```

このような定義があると、以下のようなメソッドの呼び出しをコンパイルできます。

```
1.isPositive
```

上記の式は、コンパイル時に以下のように変換されます。

```
new RichInt(1).isPositive
```

このように、既存のクラスにメソッドを付け足す目的で暗黙の型変換を定義することを「enrich my libraryパターン」と呼びます。enrich my libraryパターンは、メソッドを追加できない既存の型にメソッドを付け足したかのように見せかける目的でよく使われます。

2-13 暗黙クラス —— 既存のクラスにメソッドを付け足す

　前節で、既存のクラスにメソッドを追加するために使われるenrich my libraryパターンについて紹介しました。しかし、メソッドを追加するために以下の2つを同時に定義する必要があるため冗長です。

・新しいクラス
・既存のクラスから新しいクラスへの暗黙の型変換

　これをより簡潔に書くために、暗黙クラス（*implicit class*）を使うことができます。暗黙クラスは、クラス定義の際に`implicit`を追加することで2つの定義を自動的に生成する機能で、次のようにして使うことができます。

93

第2章 | Scalaの基礎

```scala
implicit class RichInt(val self: Int) {
  def isPositive: Boolean = self > 0
}
1.isPositive
```

暗黙クラスは、enrich my libraryパターンが多用されるようになったためScala 2.10で導入された機能ですが、現在実用で使われているScalaはほとんどScala 2.10以降であるため、enrich my libraryパターンのためには、基本的にこの暗黙クラスを使うようにしましょう。暗黙クラスは通常のクラスと違ってトップレベルに書くことができないので、ほかのオブジェクトやパッケージオブジェクトの下に置くことが多いです。

2-14 暗黙のパラメータ

暗黙のパラメータ（*implicit parameter*）によって、プログラマが明示的に引数を指定しない場合に暗黙的に渡される引数を指定できます。

■ 暗黙的な状態の引き渡し

暗黙のパラメータの1つ目の使い方は、暗黙的な状態の引き渡しです。と言ってもこれだけではさっぱりわからないと思いますので、例を示します。

以下のプログラムは、contextに代入された値である1を、printContextを呼び出す際に暗黙的に渡しています。

```scala
implicit val context = 1
def printContext(implicit ctx: Int): Unit = {
  println(ctx)
}
printContext
```

このプログラムを実行すると、「1」が表示されます。

これをさらに拡張して、contextをほかのメソッドでも暗黙的に引き渡すようにしてみます。以下のプログラムは、暗黙のパラメータを取るprintContextを呼び出すprintContext2を定義して呼び出しています。

```
def printContext(implicit ctx: Int): Unit = {
  println(ctx)
}
def printContext2(implicit ctx: Int): Unit = {
  printContext
}
implicit val context = 2
printContext2
```

このプログラムを実行すると「2」が表示されます。

この例は、暗黙のパラメータを使うと、複数のメソッドが同じ状態を共有する場合に、まさに「暗黙的に」引数を渡せていることを表しています。実用的には、ただの Int 型の値を共有することは少ないですが、データベースのコネクションなどはあちこちで使いまわされるため、そのようなものを implicit で定義しておくと、引数で渡し回す手間が削減されます。実際のところこのような使い方は、暗黙のパラメータの本来の使いみちから言うと限定されたものですが、同時に、よく見る使い方でもあるので覚えておきましょう。

■ 暗黙のパラメータの一般的な使い方

暗黙のパラメータはもともと、Haskell にある「型クラス」という機能を実現するために導入された機能です。以降では「リストの要素の値をすべて合計してその値を返す」というメソッドの例を通じて、暗黙のパラメータが一般的に解決する問題について説明します。

暗黙のパラメータを使わない素朴な方法

リストの要素の値をすべて合計してその値を返すメソッドを定義したいとして、まずは素朴な解法をとってみましょう。

Int 型の値に対してこれを計算するメソッドは次のようになります。

```
def sumInt(list: List[Int]): Int = list.foldLeft(0){
  (x, y) => x + y
}
```

Double 型の値に対してこれを計算するメソッドは次のようになります。

第2章 | Scalaの基礎

```
def sumDouble(list: List[Double]): Double = list.foldLeft(0.0){
  (x, y) => x + y
}
```

`String`型の値に対してこれを計算するメソッドは次のようになります。「文字列の合計」を「文字列の結合」と考えたものです。

```
def sumString(list: List[String]): Double = list.foldLeft(""){
  (x, y) => x + y
}
```

ほかの型に対しても同様のメソッドを定義しようとすると、要素の型が増えるのに対して際限なくコードが重複していきます。また、2次元ベクトルのような型に対して定義しようと思うと、要素の種類数の二乗という莫大なパターンに対して対応する必要があります。

トレイトを使ったコードの共通化

先ほど説明した問題を避けるためには、できるだけ共通化する必要があります。そのために、sum メソッドに共通する構造を考えてみます。

sum メソッドには次のような共通する構造があります。

- 空リストに対しては、0に相当する値を返す
- それ以外のリストに対しては、0 + e1 + e2 + ... + enを返す

この構造を型としてくくりだします。名前はAdder とします。

```
trait Adder[T] {
  def zero: T
  def plus(x: T, y: T): T
}
```

0に相当する値と加算操作が実際に何を行うかは事前に決まっていないので、メソッドとしてパラメータ化しておきます。これを使うと、sum メソッドは次のように定義できます。

96

暗黙のパラメータ　**2-14**

```
def sum[T](list: List[T])(adder: Adder[T]): T = {
  list.foldLeft(adder.zero){(x, y) => adder.plus(x,y)
}
```

さらに、個別の型に対して Adder を定義します。Int 型に対する Adder の定義は次のようになります。

```
object IntAdder extends Adder[Int] {
  def zero: Int = 0
  def plus(x: Int, y: Int): Int = x + y
}
```

この2つを使えば、Int 型のリストの合計要素を求めるという操作を次のようにして書くことができます。

```
sum(List(1, 2, 3))(IntAdder) // 6
```

これで、sum の定義を変更せずに、要素型に応じた Adder の定義を追加するだけで、sum の挙動を変更できるようになりました。

暗黙のパラメータの導入

ここまでで、コードの重複をかなり減らすことができました。しかし、Int 型のリストの要素の合計値を計算するとわかっているのに、明示的に IntAdder を渡さなければいけないのは煩雑です。リストの要素型から、自動的にどの Adder を引数に渡せばよいかをコンパイラが推測してくれればベターです。

そのような方法を提供するのが暗黙のパラメータの真の役目です。sum を暗黙のパラメータを使うように改変するのは簡単です。

まず、sum の定義の第2引数に implicit 修飾子を付けます。

```
def sum[T](list: List[T])(implicit adder: Adder[T]): T = {
  list.foldLeft(adder.zero){(x, y) => adder.plus(x,y)}
}
```

これは「sum を呼び出すときに、implicit とマークされた Adder[T] の値が存在すれば、それを暗黙の内に補完してください」とコンパイラに指示するものです。

次に、個々の Adder に implicit を付けます。

97

第2章 | Scalaの基礎

```
implicit object IntAdder extends Adder[Int] {
  def zero: Int
  def plus(x: Int, y: Int): Int = x + y
}
```

Int型のリストに対して合計値を計算するという操作は次のように書くことができます。

```
// sum(List(1, 2, 3))(IntAdder)と補完される
sum(List(1, 2, 3))
```

ほかの型に対しての sum を提供したい場合は、同様に、`implicit`を付けた`Adder[T]`を定義します。

```
implicit object StringAdder extends Adder[String] {
  def zero: String = ""
  def plus(x: String, y: String): String = x + y
}
```

呼び出しは次のようになります。

```
// sum(List("A", "B", "C"))(StringAdder)と補完される
sum(List("A", "B", "C"))
```

このような暗黙のパラメータの使い方はHaskellが提供している型クラスという機能に相当するため、このような使い方を指して「型クラスを定義する」と言うことがあります。

暗黙のパラメータのまとめ

暗黙のパラメータによって、アルゴリズムの一部を抽出し、かつ、どのアルゴリズムを選択するかを自動化できるようになりました。このような sum は標準ライブラリでも定義されており[15]、sum を計算できる List の要素型は`Numeric[A1]`型の暗黙のパラメータを持つ必要があります。これを指して「sumの要素型A1に対して型クラス Numeric が定義されている必要がある」と言うことがあります。このような暗黙のパラメータの使い方はコードの重複を減らすのに有用なテクニックなので、どんどん使っていきましょう。その際、標準ライブラリやサードパーティのライブラリにおける暗黙のパラメータの使い方が

注15) https://github.com/scala/scala/blob/v2.12.7/src/library/scala/collection/GenTraversableOnce.scala#L366

98

暗黙のパラメータ **2-14**

参考になるでしょう。

＊　＊　＊

　本章では、Scalaの型、リテラル、クラスやトレイト、オブジェクトの定義、制御構文、ジェネリクス、暗黙の型変換、暗黙のパラメータといった事柄について、基本的なことを説明しました。本章で説明されていることを理解すれば、簡単なScalaプログラムを書けるようになると思います。次の第3章ではエラー処理などについて説明します。

第3章

Option/Either/Try によるエラー処理

　プログラミング言語によってエラー処理の方法は異なります。C言語では慣例的に関数の戻り値によりエラーを表現しますし、JavaやRubyなどでは例外によってエラーを表現します。ScalaでもJavaと同じように例外を使えますが（ただしJavaと異なり検査例外はありません）、それ以外の方法として、エラーになり得る値を戻り値にすることもよくあります。

　本章ではエラーになり得る値として利用されるOption、EitherそしてTryという型について説明します。Scalaのプログラムで引数や戻り値としてよく使われるので覚えておきましょう。

第3章 Option/Either/Tryによるエラー処理

3-1 Option ——「値がないかもしれない」を表す

　Javaプログラマが Scala を使い始めて最初に感動するポイントは、おそらく NullPointerException をほとんど見なくなることではないでしょうか。NullPointerException は null を参照しようとしたときに出る例外です。

　Scala でのプログラミングでは null を使うことはほとんどありません。値がない場合を示すときには Option[A] 型[注1] を用います。A は型パラメータで、中に入る値の型を指定します。たとえば String がある場合とない場合を示すには Option[String] 型を用います。

■ Option ならコンパイル時にエラーを発見できる

　Java標準ライブラリには java.io.File#listFiles というメソッドがあります。これはディレクトリ以下のファイルを一覧するメソッドで、指定した File がディレクトリではない場合や I/O エラーが起きた際には null を返します。

　このように、Java ではエラーケースを表現するために null を返すパターンが多く見られます[注2]。null を返すパターンで得られた値を例外なく利用するには null チェックが必要です。しかし null チェックを忘れてしまい、実行時に NullPointerException を発生させてしまうことがしばしばあります。

注1）実際には変位指定アノテーション + が付いて Option[+A] ですが、説明を単純にするためにここでは変位指定アノテーションを省いています。変位指定アノテーションについてはコラム「変位指定アノテーション」をご参照ください。

注2）JDK 8より java.util.Optional 型が導入されましたが、既存のメソッドで null を利用するパターンが多く見られます。

102

Option —— 「値がないかもしれない」を表す | **3-1**

```
scala> import java.io.File
import java.io.File

scala> val directory = new File("存在しないディレクトリ")
directory: java.io.File = 存在しないディレクトリ

// filesはnullかもしれない（実行時にnullかそうでないかが決まる）値
scala> val files = directory.listFiles()
files: Array[java.io.File] = null

// nullチェックを忘れると実行時にNullPointerExceptionの可能性がある
scala> files.length
java.lang.NullPointerException
  ... 30 elided
```

　エラーケースを表す null を Scala で表現するときは一般的に Option を使います。java.io.File#listFiles をラップして Option を返す myListFiles を作ってみましょう。

```
scala> def myListFiles(directory: File): Option[Array[File]] =
Option(directory.listFiles())
myListFiles: (directory: java.io.File)Option[Array[java.io.File]]

scala> val maybeFiles = myListFiles(directory)
maybeFiles: Option[Array[java.io.File]] = None
```

　戻り値が Array[File] から Option[Array[File]] に変わったため、戻り値に対して Array[File] のメソッドを直接呼び出すことはできません。Scala ではエラーケースを型（この場合は Option）で表現するため、実行時のエラーを回避できるのです。

```
// length（Array[File]のメソッド）をOption[Array[File]]に対して呼び出そうとすると
// コンパイル時エラー
scala> maybeFiles.length
<console>:14: error: value length is not a member of Option[Array[java.
io.File]]
      maybeFiles.length
```

　ここで重要な点は、実行時ではなくコンパイル時にエラーを発見できることです。実行時エラーを発見するには多くの実行を必要とします。典型的には、多くのテストを書き、保守し続ける必要があります。さもなければ本番環境で憂き目を見ることになります。コンパイル時エラーはテストを書く必要なく一度コンパイルするだけで発見できるため、手軽です。

103

第3章 | Option/Either/Try によるエラー処理

■ Optionの値を作る

Option[A]は抽象クラスで、これを継承するSome[A]クラスとNoneオブジェクトがあります。値があるときはSome[A]インスタンスを、ないときはNoneオブジェクトを使って表現します。

Option型の値を作るにはOption.apply、Noneのいずれかを用います[注3]。Option.applyは引数がnullのときNoneを、そうでないときSomeを返します。値がない場合にはNoneオブジェクトを用います。なお、以下の例では第2章の「特別なメソッド名」で解説したとおり、applyを直接使わないコードになっていることに注意してください（本章のほかの箇所でも同様の記述としています）。

```
scala> Option("hello")
res0: Option[String] = Some(hello)

scala> None
res1: None.type = None

// Option.applyにnullを渡すとNoneになる
scala> Option(null)
res2: Option[Null] = None
```

特にJavaのライブラリを利用する場合はnull値を戻り値として返すことがあるので、必要に応じて戻り値をOption.applyで処理します。

たとえば、指定したファイルのサイズをOption[Long]で返す関数を考えてみましょう。ファイルが存在する場合にはSome[Long]を、存在しない場合にはNoneを返します。実装は次のようになるでしょう。

注3) nullではない値をもとにしてOption型の値を作るにはSome.applyを用いることもできます。Option.applyは引数がnullか否か気にせず使うことができるため、引数がnullでないとわかっているときにも本書では統一してOption.applyを使います。

104

Option ── 「値がないかもしれない」を表す | **3-1**

```scala
scala> import java.io.File

// fileSize関数の定義
scala> def fileSize(file: File): Option[Long] =
  if (file.exists()) Option(file.length()) else None

// ファイルが存在するときはSome[Long]が返ってくる
scala> fileSize(new File("README.md"))
res1: Option[Long] = Some(1400)

// ファイルが存在しないときはNoneが返ってくる
scala> fileSize(new File("NON_EXISTENT_FILE"))
res2: Option[Long] = None
```

■ Optionの値を利用する

Option[Long]はLongと同じようには扱えません。同じように扱えないのは、値があるときにのみ処理を実行したいからです。Optionには値の存在を確かめるisDefinedというメソッドと、存在する場合に値を取り出すgetというメソッドがあるので、次のようにしたくなるかもしれません。

```scala
if (option.isDefined) {
  処理(option.get)
}
```

しかし、getメソッドをNoneに対して呼び出すと例外が投げられるため、できるだけ使わないようにしたほうがよいでしょう。Option型には中に入っている値を処理するためのより安全で表現力の高い方法が用意されています。ここではそれらを順番に見ていきましょう。

Optionの中身に戻り値のない関数を適用する

得られたファイルサイズをprintlnで標準出力に出力してみましょう。

ファイルが存在したときにのみ、すなわちSome[Long]のときのみ出力するには、foreachを使います。foreachの引数にはA => Unit(A型をとりUnit型を返す関数)を渡します。ここでAはOptionの型パラメータです。この例で言えばAはLongです。

Javaではメソッドの戻り値がないことを示すのにvoidキーワードやVoidクラスを用います。ScalaではUnitは戻り値がないことを示す型です。

105

第3章 │ Option/Either/Try によるエラー処理

```scala
scala> val size1 = fileSize(new File("README.md"))
size1: Option[Long] = Some(1400)

// Some[A]のときはprintlnが実行される
scala> size1.foreach(println)
1400

scala> val size2 = fileSize(new File("NON_EXISTENT_FILE"))
size2: Option[Long] = None

// Noneのときはprintlnが実行されない
scala> size2.foreach(println)
```

　Optionの中身があるとき（Someのとき）にのみ、渡した関数が実行されることがわかります[注4]。

Optionを変換する

　Option[A]とA => B（AからBへの関数）を用いてOption[B]を作り出したいときにはmapを用います。たとえば、先のファイルサイズを示すOption[Long]と、数値をフォーマットする関数Long => Stringを用いて、Option[String]を作りたい場合などです。Noneをmapした場合には、結果もNoneになります。

```scala
scala> Option(123L).map(_.toString)
res10: Option[String] = Some(123)

scala> None.map(_.toString)
res11: Option[String] = None
```

　関数がA => BではなくA => Option[B]の場合は、mapの戻り値がOption[Option[B]]となりOptionが重なってしまいます。Option[B]を得るにはmapの代わりにflatMapを用います。たとえばファイル名がOption[File]として与えられたときに、前述のファイルサイズを求める関数fileSizeを使って、Option[Long]を求めてみましょう。

注4) foreach(pritnln)という記述を見て戸惑いを感じた方は、第8章の「η-expansion —— メソッドを関数に変換する」を参照してください。

106

Option —— 「値がないかもしれない」を表す | **3-1**

```
// fileSizeはFileからOption[Long]への関数
scala> def fileSize(file: File): Option[Long] =
  if (file.exists()) Option(file.length()) else None

// Option[File]が存在するとき……
scala> val maybeFile = Option(new File("abc.txt"))
maybeFile: Option[java.io.File] = Some(abc.txt)

// flatMapでファイルサイズを求められる
scala> maybeFile.flatMap(fileSize)
maybeFile.flatMap(fileSize)
res5: Option[Long] = Some(6)
```

　最初の`Option`か、`flatMap`に渡した関数の戻り値の`Option`のいずれかが`None`である場合には、戻り値は`None`になります。

　`map`と`flatMap`を両方利用すると、2つの`Option`の中の値を計算して新しい`Option`を作ることができます。

```
// flatMapとmapを使ってOptionとOptionから新しいOptionを返す
scala> def plus(option1: Option[Int], option2: Option[Int]): Option[Int] =
     |   option1.flatMap(i => option2.map(j => i + j))
plus: (option1: Option[Int], option2: Option[Int])Option[Int]

// 両方Someの場合は足し算の結果がSomeに包まれて戻る
scala> plus(Option(2), Option(3))
res3: Option[Int] = Some(5)

// 片側でもNoneのときは結果もNoneになる
scala> plus(Option(2), None)
res4: Option[Int] = None

scala> plus(None, Option(2))
res5: Option[Int] = None

scala> plus(None, None)
res6: Option[Int] = None
```

　このような`flatMap`と`map`を組み合わせるパターンは、第2章で紹介した`for`式を使うと、すっきり書くことができます。`plus()`を`for`式で定義すると次のようになります。

```
scala> def plus(option1: Option[Int], option2: Option[Int]): Option[Int] =
     |   for (i <- option1; j <- option2) yield i + j
plus: (option1: Option[Int], option2: Option[Int])Option[Int]
```

第3章 | Option/Either/Tryによるエラー処理

Optionの値を取り出す

Option[Int]型の値があったときに、中に含まれるIntを得るにはどうした
らよいでしょうか？ Noneの場合があるので、Option[Int]からIntを常に得
られるとは限りません。

Someの場合には包まれているIntを、Noneのときはデフォルト値を得るに
はgetOrElseメソッドを用います。

```
scala> def getIntOrZero(option: Option[Int]): Int = option.getOrElse(0)
getIntOrZero: (option: Option[Int])Int

scala> getIntOrZero(Option(123))
res1: Int = 123

scala> getIntOrZero(None)
res2: Int = 0
```

getOrElseのほかにgetというメソッドも存在しますが、Noneのときに例外
を投げるので普段使いしないことをお勧めします。

Column

変位指定アノテーション

ジェネリックな型MyType[A]があるとします。Aに指定する型として
Animal型とHuman型を考えてみましょう。以下のようにHumanはAnimal
のサブクラスです。このクラスの関係を型に注目して表現すると「Human
型はAnimal型のサブタイプである」ということになります。

```
class Animal
class Human extends Animal
```

型パラメータを指定してできた具体的な型はMyType[Animal]と
MyType[Human]になります。さてMyType[Human]はMyType[Animal]の
サブタイプになるのでしょうか？ 逆にMyType[Animal]はMyType
[Human]のサブタイプになるのでしょうか？ あるいは2者間にサブタイ
プ関係はないのでしょうか？ これを指定するのが変位指定アノテーショ
ンです。

型パラメータに渡した型のサブタイプ関係を引き継ぐのが共変(*covariant*)

です。共変にするには型パラメータに+アノテーションを付けて
MyType[+A]とします。MyType[Human]はMyType[Animal]のサブタイプ
なので、次のようにMyType[Human]をMyType[Animal]として使うこと
ができます。

```
// 型パラメータAを共変として宣言
class MyType[+A](a: A)
val myHuman: MyType[Human] = new MyType(new Human)

// MyType[Human]型をMyType[Animal]型として利用可能
val myAnimal: MyType[Animal] = myHuman
```

　共変とは逆に、型パラメータに渡した型のサブタイプ関係が逆転する
のが反変(contravariant)です。反変にするには型パラメータに-アノテー
ションを付けてMyType[-A]とします。もとのサブタイプ関係が逆転し、
MyType[Animal]はMyType[Human]のサブタイプになります。

```
// 型パラメータAを反変として宣言
class MyType[-A](a: A)
val myAnimal: MyType[Animal] = new MyType(new Animal)

// MyType[Animal]型をMyType[Human]型として利用可能
val myHuman: MyType[Human] = myAnimal
```

　型パラメータに渡した型にサブタイプ関係があっても、具体的な型に
サブタイプ関係をもたせないのが非変(invariant)です。型パラメータに何
も付けずMyType[A]のときは非変になります。サブタイプ関係はないた
め、MyType[Human]をMyType[Animal]として用いたり、MyType[Human]
をMyType[Animal]として用いることはできません。

　ScalaのOptionやListの型パラメータは共変です。もし非変だったら
Option[Human]をOption[Animal]として、あるいはList[Human]を
List[Animal]として使えませんし、使うには明示的な変換が必要になっ
てしまいます。共変や反変では、型パラメータのサブタイプ関係からサ
ブタイプ関係を導くことでこのような変換を省くことができます。

第3章 | Option/Either/Tryによるエラー処理

各種メソッドをパターンマッチで理解する

Optionのforeach、map、flatMap、getOrElseメソッドを紹介しました。メソッドの呼び出しには慣れてきたでしょうから、ここではパターンマッチでの扱い方を紹介します。パターンマッチと見比べることで理解が進むでしょう。なお、次のコードでoptionはOption型です。

```
// foreachをパターンマッチで書く
option.foreach(f)
option match {
  case Some(v) => f(v)
  case None => // 何もしない
}

// mapをパターンマッチで書く
option.map(f)
option match {
  case Some(v) => Some(f(v))
  case None => None
}

// flatMapをパターンマッチで書く
option.flatMap(f)
option match {
  case Some(v) => f(v)
  case None => None
}

// getOrElseをパターンマッチで書く
option.getOrElse(defaultValue)
option match {
  case Some(v) => v
  case None => defaultValue
}
```

このようにどれもパターンマッチを使って置き換えることができますが、mapなどのメソッドを用いたほうがパターンマッチを使うより簡潔に書けるため、意図が伝わりやすくなります。通常はmapなどのメソッドを用いるようにしたほうがよいでしょう。

110

| | Either ── 失敗した理由を示す | 3-2 |

3-2 Either ── 失敗した理由を示す

　Optionは値が存在しない場合を扱えました。特定の処理が失敗したときに
Noneを返すことで、失敗する可能性のある処理を表現できます。しかし場合に
よっては、失敗したというだけではなく、その理由を合わせて返したいことが
あります。その場合に使えるのがEitherです。

　Eitherはその名のとおり「2つのうちどちらか一方」という値を表現します。
そのため、エラー処理の文脈では成功時の値か失敗時の値のどちらかを表すこ
とに適しているのです。

　EitherはOptionと同じく抽象クラスであり、具象クラスとしてLeftと
Rightがあります。Eitherは型パラメータを2つとり、最初の型パラメータが
Leftに含まれる値の型、2つめの型パラメータがRightに含まれる値の型です。
慣習的にLeftを失敗時の値、Rightを成功時の値として利用することが多いで
す注5。Either、Left、Rightの定義は次のようになっています。

```
sealed abstract class Either[A, B]
final case class Left[A, B](a: A) extends Either[A, B]
final case class Right[A, B](b: B) extends Either[A, B]
```

■ Eitherの値を作る

　値を作成するにはRight.applyとLeft.applyを使います。

　Optionのときと同じようにファイルサイズを返す関数を定義してみましょ
う。今回は、失敗したときにStringで理由を返すことにします。成功時には
Longでファイルサイズを返したいので、戻り値はEither[String, Long]に
なります。

```
scala> import java.io.File

scala> def fileSize(file: File): Either[String, Long] =
    if (file.exists()) Right(file.length()) else Left("File not exists")
```

注5）「Right」には「右」以外に「正しい」という意味があるため、Rightを成功時に使うようになったという説があ
　　ります。

第3章 | Option/Either/Try によるエラー処理

■ **Either の値を利用する**

Either の中に入っている値を利用する方法を見ていきましょう。

Either の中身に戻り値のない関数を適用する

Option では foreach を使うことで、値が入っているとき（Some のとき）のみ実行する関数を指定できました。Either では foreach を使うことで、Right のときのみ実行する関数を指定できます。

```
// Rightの場合はforeachに指定した関数が実行される
scala> val r: Either[String, Int] = Right(100)
r: Either[String,Int] = Right(100)

scala> r.foreach(println)
100

// Leftの場合はforeachに指定した関数が実行されない
scala> val l: Either[String, Int] = Left("Hello")
l: Either[String,Int] = Left(Hello)

scala> l.foreach(println)
```

Right のときのみ何か処理をしたい場合にはこれで大丈夫ですが、Left のときのみ何か処理をしたいこともあるでしょう。そんなときは .left.foreach を用いることで Left のときのみ実行する関数を指定できます。

```
// Rightの場合は実行されない
scala> r.left.foreach(println)

// Leftの場合は実行される
scala> l.left.foreach(println)
Hello
```

Either を変換する

Option と同様に map で Either を変換できます。map では Right の値が変換されます。また、Right と Left のどちらを変換するか指定して変換することもできます。その場合には .right あるいは .left の戻り値に対して map します[6]。

注6) Scala 2.11 以前では Either に map は存在せず、.right か .left に対して map する必要がありました。

112

Either —— 失敗した理由を示す | **3-2**

```scala
scala> val either: Either[String, Long] = Right(1)
either: Either[String,Long] = Right(1)

scala> either.map(_ * 2)
res1: scala.util.Either[String,Long] = Right(2)

scala> either.right.map(_ * 2)
res2: scala.util.Either[String,Long] = Right(2)

scala> either.left.map(_ + "!")
res3: scala.util.Either[String,Long] = Right(1)
```

上の例で either は Right です。.right.map した場合には値が変化して Right(2) になっていますが、.left.map した場合には値が変化しないことに注目しましょう。もとの値が .left/.right で指定した対象ではない場合、戻り値はもとの値のままになります。

map の引数に渡す関数は A => B でした。A => Either[L, B] の場合には flatMap を用います。もとの値が Right で渡した関数が Right を返す場合にのみ結果が Right になり、それ以外は Left になります。

```scala
// Rightがあったとき
scala> val r: Either[String, Long] = Right(100)
r: Either[String,Long] = Right(100)

// Long => Eitherを渡すことで、Rightの値を変換できる
scala> r.flatMap(l => Right(l * 5))
res5: scala.util.Either[String,Long] = Right(500)

// Long => EitherがLeftを返すと、結果はLeftになる
scala> r.flatMap(_ => Left("Error"))
res6: scala.util.Either[String,Nothing] = Left(Error)

scala> val l1: Either[String, Long] = Left("Error 1")
l1: Either[String,Long] = Left(Error 1)

// Leftに対してflatMapを呼び出しても値は変わらない
scala> l1.flatMap(l => Right(l * 5))
res8: scala.util.Either[String,Long] = Left(Error 1)
```

Eitherの値を取り出す

Option と同じように Either にも getOrElse が存在します。getOrElse では Right のときにはその値が、Left のときは引数で指定した値が返されます。

第3章 | Option/Either/Try によるエラー処理

```
scala> Right(1).getOrElse(100)
res9: Int = 1

scala> Left("foo").getOrElse(100)
res10: Int = 100
```

また、.merge メソッドを用いて Left か Right の値を取り出すことができます。merge は通常、Either の2つの型パラメータが同じ場合に使います[注7]。

```
scala> val intEither = Right(123)
intEither: Either[Int,Int] = Right(123)

scala> intEither.merge
res1: Int = 123

scala> val stringEither: Either[String, String] = Left("foo")
stringEither: Either[String,String] = Left(foo)

scala> stringEither.merge
res2: String = foo
```

各種メソッドをパターンマッチで理解する

Either の foreach、map、getOrElse、merge メソッドを紹介しました。Option の際と同様にそれぞれをパターンマッチで書くとしたら、次のようになります。次のコードでは either が Either 型です。

注7) 型パラメータが異なる Either に対して merge を呼び出すと、共通する最も近いスーパータイプが戻り値型として推論されます。

114

Either —— 失敗した理由を示す | **3-2**

```
// foreachをパターンマッチで書く
either.foreach(f)
either match {
  case Right(v) => f(v)
  case Left(_) => // 何もしない
}

// mapをパターンマッチで書く
either.map(f)
either match {
  case Right(v) => Right(f(v))
  case Left(_) => either
}

// flatMapをパターンマッチで書く
either.flatMap(f)
either match {
  case Right(v) => f(v)
  case Left(_) => either
}

// getOrElseをパターンマッチで書く
either.getOrElse(defaultValue)
either match {
  case Right(v) => v
  case Left(_) => defaultValue
}

// mergeをパターンマッチで書く
either.merge
either match {
  case Right(v) => v
  case Left(v) => v
}
```

　やはりメソッドを使ったほうがパターンマッチより意図がわかりやすくなるので、メソッドで表現できる範囲ではメソッドを使ったほうがよいでしょう。

　ここでは成功時と失敗時の値を取り扱う例を通じて **Either** を紹介しました。実際には成功時／失敗時だけではなく、2つの場合のどちらかの値を表したい場合にも **Either** を使用できます。

第3章 | Option/Either/Tryによるエラー処理

3-3 Try——Option/Eitherと同じ感覚で例外を扱う

TryはEitherと同じように成功の場合と失敗の場合を扱うクラスです。Eitherと異なり、失敗時には例外を保持します。なぜtry/catchを直接扱うのではなく、Tryを用いるのでしょうか?

throwで例外を投げたときには、catchするまでの間、メソッドの呼び出し元に向けて順番に例外が伝播していきます。メソッドの呼び出し順はスタックに積まれます。同期的な処理では単一のスタックを利用するため、例外を見ることで例外に至る道筋がスタックトレースとして参照できます。

一方、第5章で紹介するような非同期の処理では、複数のスタックを切り替えながら一連の処理を実行します。非同期処理では例外の発生も非同期になる可能性があるため、非同期処理開始コードでtry/catchを記述しても例外が捕捉できません。そのため、関数の戻り値として例外を値として扱うことが重要になります。

Try抽象クラスは具象クラスとしてSuccessまたはFailureを持ちます。名前から想像できるとおり、成功した場合の結果を表すのがSuccess、失敗した場合を表すのがFailureです。

SuccessとFailureの定義は次のようになっています。Eitherは型パラメータが2つでしたが、Tryでは失敗時の値の型がThrowableで固定されているため、型パラメータはひとつです。

```
sealed abstract class Try[T]
final case class Success[T](value: T) extends Try[T]
final case class Failure[T](exception: Throwable) extends Try[T]
```

■ Tryの値を作る

tryの代わりに次のようにTry.applyを用いるのが典型的な利用方法です。次のコードは割り算をしてTry[Int]を返す関数divを定義しています。割る数が0のときは割り算に失敗してFailureを返します。それ以外の場合は割り算の結果をSuccessとして返します。

Try──Option/Eitherと同じ感覚で例外を扱う **3-3**

```
scala> import scala.util.Try
import scala.util.Try

scala> def div(a: Int, b: Int): Try[Int] = Try(a / b)
div: (a: Int, b: Int)scala.util.Try[Int]

// 例外が起きない場合はSuccessが返る
scala> div(10, 3)
res0: scala.util.Try[Int] = Success(3)

// 例外 (ここでは10÷0でのゼロ除算例外) が起きた場合はFailureが返る
scala> div(10, 0)
res1: scala.util.Try[Int] = Failure(java.lang.ArithmeticException: / by
zero)
```

　上の例でみたように`Try.apply`内で例外が起きた場合は、関数呼び出し元に例外として伝わらず、`Failure`が戻り値として返されます。

■ Tryの値を利用する

　`Try`も`Option`や`Either`と同じようなメソッドで値を利用できます。`Try`の中に入っている値を利用する方法を見ていきましょう。

Tryの中身に戻り値のない関数を適用する

　失敗する可能性のある処理をして成功のときのみ結果を出力したいときなど、`Success`のときのみ何か処理したいときには`foreach`を用います。前出の`div`の結果を成功時のみ出力してみましょう。

```
// 成功時は出力される
scala> div(10, 3).foreach(println)
3

// 0除算により失敗するため出力されない
scala> div(10, 0).foreach(println)
```

　`Either`で`Left`のときのみ処理したいときは`.left.foreach`を使いました。`Try`で`Failure`のときのみ処理したいときは`.failed.foreach`を使うことができます。`foreach`に渡す関数は`Throwable`(Javaの例外を表すインタフェース)を引数にとります。

第3章 | Option/Either/Tryによるエラー処理

```
// 成功時は出力されない
scala> div(10, 3).failed.foreach(println)

// 失敗時は出力される
scala> div(10, 0).failed.foreach(println)
java.lang.ArithmeticException: / by zero
```

Tryを変換する

Try も Option や Either と同じように map、flatMap メソッドを持ちます。Option では Some のときのみ、Either では Right のときのみ、引数で渡した関数が実行されました。Try では Success のときのみ渡した関数が実行されます。Failure のときは関数は実行されず、map、flatMap の戻り値はもとの Failure そのものになります。

前出の div 関数の戻り値を map や flatMap で変換する例を見てみましょう。

```
scala> div(10, 3).map(_ * 3)
res28: scala.util.Try[Int] = Success(9)

scala> div(10, 0).map(_ * 3)
res29: scala.util.Try[Int] = Failure(java.lang.ArithmeticException: / by
zero)

scala> div(10, 3).flatMap(i => div(12, i))
res30: scala.util.Try[Int] = Success(4)

scala> div(10, 0).flatMap(i => div(12, i))
res31: scala.util.Try[Int] = Failure(java.lang.ArithmeticException: / by
zero)
```

div の戻り値が Failure のときは map、flatMap に渡した関数は実行されず、Failure が最終結果となっています。div の戻り値が Success のときは関数が実行され、その結果が最終結果となっていることがわかると思います。

try での例外処理では catch 節で例外処理をしていました。Try での例外処理は recover あるいは recoverWith メソッドで行います。recover や recoverWith メソッドの引数では try の catch 節と同じように case で処理したい例外を指定します。例外処理した結果として Try を返すときには recoverWith を、それ以外の場合には recover を使います。

118

Try――Option/Eitherと同じ感覚で例外を扱う | **3-3**

```
// ArithmeticExceptionが起きていたらSuccess(0)にする
scala> div(10, 0).recover {
     |    case e: ArithmeticException => 0
     | }
res2: scala.util.Try[Int] = Success(0)

// 例外処理の結果がTryの場合にはrecoverWithを使う
scala> div(10, 0).recoverWith {
     |    case e: ArithmeticException => Try(1 + 1)
     | }
res3: scala.util.Try[Int] = Success(2)
```

Tryの値を取り出す

Tryの値を取り出すにはgetOrElseを利用します。OptionやEitherの getOrElseとほぼ同じ使い方です。Successのときには中の値が返され、 FailureのときにはgetOrElseに渡した値が返されます。

```
scala> div(10, 3).getOrElse(-1)
res36: Int = 3

scala> div(10, 0).getOrElse(-1)
res37: Int = -1
```

各種メソッドをパターンマッチで理解する

ここで紹介したメソッドをパターンマッチで書くとしたら、次のようになり ます。次のコードでtはTry型です。recoverとrecoverWithはこの時点で引 数型の説明が不十分なので完全に理解する必要はありません。

119

```
// foreachをパターンマッチで書く
t.foreach(f)
t match {
  case Success(v) => f(v)
  case Failure(_) => // 何もしない
}

// mapをパターンマッチで書く
t.map(f)
t match {
  case Success(v) => Try(f(v))
  case Failure(_) => t
}

// flatMapをパターンマッチで書く
t.flatMap(f)
t match {
  case Success(v) => f(v)
  case Failure(_) => t
}

// recoverをパターンマッチで書く
t.recover(f)
t match {
  case Success(_) => t
  case Failure(e) =>
    try {
      if (f.isDefinedAt(e)) Success(f(e)) else t
    } catch {
      case NonFatal(ex) => Failure(ex)
    }
}

// recoverWithをパターンマッチで書く
t.recoverWith(f)
t match {
  case Success(_) => t
  case Failure(e) =>
    try {
      if (f.isDefinedAt(e)) f(e) else t
    } catch {
      case NonFatal(ex) => Failure(ex)
    }
}

// getOrElseをパターンマッチで書く
t.getOrElse(defaultValue)
t match {
  case Success(v) => v
  case Failure(_) => defaultValue
}
```

やはりメソッドを使ったほうがパターンマッチより意図がわかりやすくなるので、メソッドで表現できる範囲ではメソッドを使ったほうがよいでしょう。

＊　＊　＊

本章では`Option`、`Either`、`Try`についてよく使われるメソッドを中心に紹介しました。

ここでは紹介しきれませんでしたが、ほかにも豊富なメソッドがあります。ぜひ一度APIドキュメントに目を通すことをお勧めします。またソースコードも読みやすいので、ドキュメントではわからない箇所はソースコードを見てみると理解が一段と進むことでしょう。

第4章

コレクション

　本章ではScalaの標準ライブラリで提供されているコレクションについて説明します。Scalaでプログラミングするうえでコレクションの使いこなしは避けて通れない課題です。上手に使いこなすことで簡潔でわかりやすいプログラムを書けます。

　コレクションでは配列（Array）やListをはじめとしたさまざまなデータ型が提供されていますので、状況に応じて適切に選択できます。

　また、これらのデータ型にはそれぞれ基本的なメソッドが数多く提供されています。データ型とメソッドを組み合わせることで、プログラミング上必要となる多くの操作を短く表現できます。その豊かな表現力がコレクションの魅力の一つです。

第4章 コレクション

4-1 コレクションのデータ型

標準ライブラリではさまざまなコレクションのデータ型が提供されます。その中で代表的なものがSeq、Set、Mapになります。さらに、Seq、Set、Mapのそれぞれについて不変(immutable)なものと可変(mutable)なものが存在します。

■ Seq、Set、Map

コレクションのデータ型としてよく使うものにSeq、Set、Mapがあります。

Seqは要素が一列に並んだコレクションです(図4-1)。添字により任意の要素にアクセスできます。

```
scala> val seq = Seq("A", "B", "C")
seq: Seq[String] = List(A, B, C)

scala> seq(1)
res0: String = B
```

Setは集合を表すコレクションです(図4-2)。Seqとは異なり重複した要素を含みません。

```
scala> val set = Set("A", "A", "B", "C")
set: scala.collection.immutable.Set[String] = Set(A, B, C)

scala> set.contains("D")
res1: Boolean = false
```

Mapはキーと値のコレクションです(図4-3)。キーとそれに対応する値を保持します。

図4-1：Seq

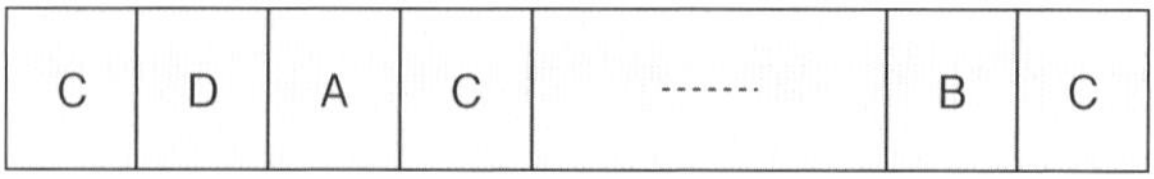

4-1 コレクションのデータ型

```
scala> val m = Map("A" -> 10, "C" -> 20, "B" -> 30)
m: scala.collection.immutable.Map[String,Int] = Map(A -> 10, C -> 20, B -> 30)

scala> m("B")
res2: Int = 30
```

　Seq、Set、Mapはそれぞれトレイトであり、それぞれ複数の具象クラスを持ちます。

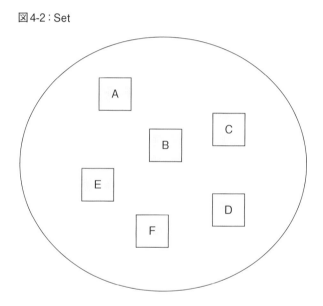

図4-2：Set

図4-3：Map

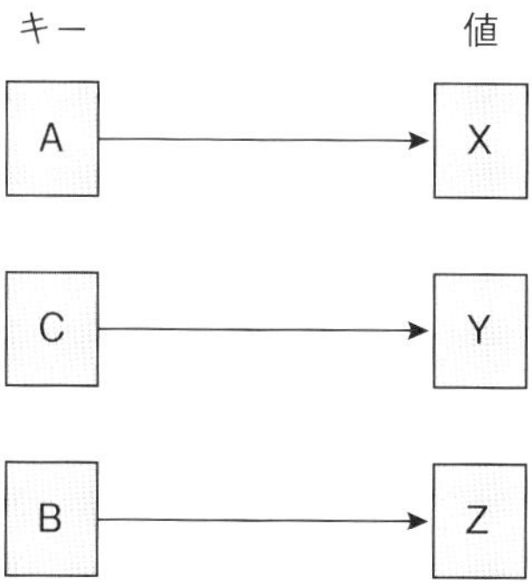

第4章 | コレクション

■ 不変なコレクションと可変なコレクション

コレクションには不変(*immutable*)なものと可変(*mutable*)なものが存在します。不変なコレクションは作成後に要素の追加、入れ替え、削除などの変更ができません。もとのコレクションはそのままに、要素を変更したコレクションを返すメソッド群が用意されています。一方、可変なコレクションではその逆に作成後に要素を変更できます。

プログラムの複雑さを低減するために、一般的には不変なコレクションが好まれます。コレクションに限らず、不変なオブジェクトは生成後に変化しないことが保証されているため、コードを読み解くのがたいへん楽になります。

一方で可変なコレクションが利用したくなることもあります。たとえば、不変なコレクションでは望む性能が出ない場合などです。まずは不変コレクションの利用を検討し、何らかの理由で不変ではうまくいかない場合に可変なコレクションを利用するのがよいでしょう。

不変なコレクションは`scala.collection.immutable`パッケージに、可変なコレクションは`scala.collection.mutable`パッケージに存在します。また`scala.collection`パッケージには不変／可変双方に共通するコレクションが定義されています。

Column

インポートせずに使えるコレクション

REPLではインポートせずに`List`や`Map`が使えます。これらはいったいどこから来ているのでしょうか？

実は`java.lang`パッケージ、`scala`パッケージ、および`scala.Predef`オブジェクトに定義されたものはインポートせずに使用できるというルールがあります。インポートせずに使える`List`は`scala`パッケージに、`Map`は`scala.Predef`で定義されています。

なお、これらのコレクションは`Seq`を除いて不変です。`Seq`も Scala 2.13 から不変なものに変更される予定です。

コレクションを操作するAPI | 4-2

次のコードは、可変なSeqでは要素の変更が可能である一方、不変なSeqで
は変更不可能であることを示す例です。

```
// aは不変なSeq
scala> val immutableSeq = scala.collection.immutable.Seq(1, 2, 3)
immutableSeq: scala.collection.immutable.Seq[Int] = List(1, 2, 3)

// bは可変なSeq
scala> val mutableSeq = scala.collection.mutable.Seq(1, 2, 3)
mutableSeq: scala.collection.mutable.Seq[Int] = ArrayBuffer(1, 2, 3)

// 可変なSeqは要素を変更できる
scala> mutableSeq(0) = 10

scala> mutableSeq
res1: scala.collection.mutable.Seq[Int] = ArrayBuffer(10, 2, 3)

// 不変なSeqは変更できない
scala> immutableSeq(0) = 10
<console>:15: error: value update is not a member of scala.collection.
immutable.Seq[Int]
       immutableSeq(0) = 10
       ^
```

4-2 コレクションを操作するAPI

本節では代表的なコレクションであるSeq、Set、Mapのそれぞれついて、構
築方法や要素へのアクセス方法など主な利用方法を説明します。

■ Seqの操作

Seq型はシーケンス(*sequence*)を表しており、要素が一列に並んだ構造を表現
するのに用いられます。

Seqの値を作る

Seq("A", "B", "C")という形でシーケンスを作れます。この例では「A」「B」
「C」という3つの文字列を要素とするSeqが構築されます。

127

第4章 コレクション

```scala
scala> Seq("A", "B", "C")
res0: Seq[String] = List(A, B, C)
```

Seq("A", "B", "C")はSeq.apply("A", "B", "C")と同じで、Seqオブジェクトのapplyメソッドを呼び出しています。第2章の「特別なメソッド名」で解説したとおり、applyメソッドの呼び出しは.applyを省略できます（本章のほかの箇所でもapplyを適宜省略していますので注意してください）。

また、REPLの出力に「List(A, B, C)」と表示されていますが、ここからList型のインスタンスが生成されたことがわかります。ListはSeqの実装のひとつです[注1]。

Seqの要素にアクセスする

添字を指定して要素へアクセスするにはSeqインスタンスのapplyメソッドを用います。次の例は「A」「B」「C」からなるSeqを構築し、その添字1の要素へアクセスしています。添字は0始まりなので、2番目の要素「B」が返されます。

```scala
scala> val seq: Seq[String] = Seq("A", "B", "C")
seq: Seq[String] = List(A, B, C)

scala> seq.apply(1)
res0: String = B
```

applyメソッドの呼び出しは省略できるので、seq(1)としても同じ結果が得られます。

```scala
scala> seq(1)
res1: String = B
```

ここで、SeqオブジェクトとSeqインスタンスの違いに気をつけましょう。前項ではSeqオブジェクトのapplyメソッドでSeqインスタンスを生成しました。一方ここでは、Seqインスタンスのapplyメソッドで要素へアクセスしています。

先頭要素へアクセスするにはhead、末尾要素へアクセスするにはlastを用います。

注1）Javaではjava.util.Listインタフェースに対してjava.util.ArrayListなどの実装があります。これと似たような関係です。

128

```
scala> seq.head
res2: String = A

scala> seq.last
res3: String = C
```

もしも要素数0のSeqに対してheadを呼び出すとどうなるでしょうか？

```
scala> val seqEmpty = Seq()
seqEmpty: Seq[Nothing] = List()

scala> seqEmpty.head
java.util.NoSuchElementException: head of empty list
  at scala.collection.immutable.Nil$.head(List.scala:420)
  at scala.collection.immutable.Nil$.head(List.scala:417)
  ... 33 elided
```

　例外が発生しました。存在しない要素へアクセスしようとしたので理にかなった挙動ですね。要素数0のSeqに対してlastを呼び出した場合も同様です。

　このような場合があるため、要素数のわからないSeq型の値があったときに、その先頭要素を例外なく取り出したいときに使えるheadOptionというメソッドが用意されています。headOptionの戻り値型はOption[A]型（Aは要素の型）です。先頭要素がある場合にはSomeを、ない場合はNoneを返します。末尾要素については同様にlastOptionが用意されています。

```
scala> seqEmpty.headOption
res3: Option[Nothing] = None

scala> seq.headOption
res4: Option[String] = Some(A)
```

　先頭以外の要素にアクセスするにはtailを用います。Seq全体のうち、head以外の部分に相当します。

```
scala> seq.tail
res0: Seq[String] = List(B, C)
```

　末尾以外の要素にアクセスするにはinitを用います。Seq全体のうち、last以外の部分に相当します。

第4章 | コレクション

```
scala> seq.init
res2: Seq[String] = List(A, B)
```

Seqの要素を追加／削除する

Seqの先頭に要素を追加するには**+:**を用います。また、末尾に追加するには**:+**を用います。

```
scala> val seq = Seq(1, 2)
seq: Seq[Int] = List(1, 2)

scala> 10 +: seq
res0: Seq[Int] = List(10, 1, 2)

scala> seq :+ 10
res1: Seq[Int] = List(1, 2, 10)
```

+:や**:+**によってseq自体は変更されないことに注意しましょう。破壊的な変更はされず、新しいSeqが返されます。コレクションで提供されるメソッドの多くは非破壊的です。

Scalaで**+**などの演算子（中置演算子）はメソッド呼び出しと同じです。たとえば**1 + 2**は**1.+(2)**と同じです。上述の**:+**で**seq :+ 10**は**seq.:+(10)**と同じです。ただし**:**で終わる演算子は特別に右結合になります。たとえば上述の**+:**では**10 +: seq**は**10.+:(seq)**ではなく**seq.+:(10)**と同じになります。

SeqとSeqを連結したSeqを作るには**++**を用います（図4-4）。seq1とseq2にそれぞれSeqを構築し、それらを**++**で連結します。

```
scala> val seq1 = Seq(1, 2)
seq1: Seq[Int] = List(1, 2)

scala> val seq2 = Seq(3, 4, 5)
seq2: Seq[Int] = List(3, 4, 5)

scala> seq1 ++ seq2
res1: Seq[Int] = List(1, 2, 3, 4, 5)
```

Seqの先頭から個数を指定して要素を取り出すには**take**を用います（図4-5）。同様に末尾から個数を指定して要素を取り出すには**takeRight**を用います。

130

```
scala> val seq: Seq[String] = Seq("A", "B", "C")
seq: Seq[String] = List(A, B, C)

scala> seq.take(2)
res8: Seq[String] = List(A, B)

scala> seq.takeRight(2)
res9: Seq[String] = List(B, C)
```

　先頭から与えた条件が成り立っている間、要素を取り出すには takeWhile を用います。ここでは整数の並びの先頭から、3より小さい要素を取り出しています。最初に3が出てきた時点で「3より小さい」という条件を満たさなくなるので、その1つ手前の要素までが返されます。

図4-4：++でSeqを連結する

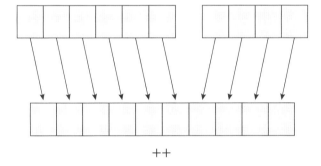

図4-5：takeなどで要素を取り出す

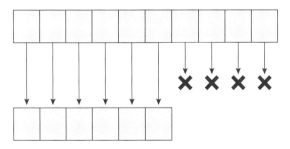

take/takeWhite/dropRight

第4章 コレクション

```
scala> val seq = Seq(1, 2, 3, 4, 5, 1, 2)
seq: Seq[Int] = List(1, 2, 3, 4, 5, 1, 2)

scala> seq.takeWhile(_ < 3)
res0: Seq[Int] = List(1, 2)
```

takeWhileの引数に渡している_ < 3はプレースホルダ構文を用いています。意味はx => x < 3と同じです。プレースホルダ構文では関数を短く書くことができます。

takeは要素を取り出して新しいSeqを返しました。dropは逆に要素を捨てて新しいSeqを返します(図4-6)。

先頭から指定した個数の要素を捨てるにはdrop、末尾から指定した個数の要素を捨てるにはdropRight、条件が成り立っている間の要素を捨てるにはdropWhileを用います。

図4-6：dropなどで要素を捨てる

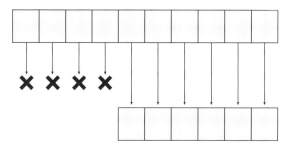

drop/dropWhile/takeRight

図4-7：filterなどで条件に合う要素を抜き出す

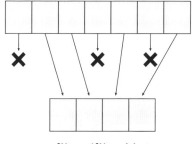

filter/filterNot

コレクションを操作するAPI **4-2**

```scala
scala> val seq = Seq(1, 2, 3, 4, 5, 1, 2)
seq: Seq[Int] = List(1, 2, 3, 4, 5, 1, 2)

scala> seq.drop(2)
res0: Seq[Int] = List(3, 4, 5, 1, 2)

scala> seq.dropRight(3)
res1: Seq[Int] = List(1, 2, 3, 4)

scala> seq.dropWhile(_ < 3)
res2: Seq[Int] = List(3, 4, 5, 1, 2)
```

条件に当てはまる要素のみからなる新しいSeqを作るには`filter`を用います（図4-7）。

```scala
scala> val seq = Seq(1, 2, 3, 4, 5, 1, 2)
seq: Seq[Int] = List(1, 2, 3, 4, 5, 1, 2)

// 2より大きい要素のみからなる新しいSeqを作る
scala> seq.filter(_ > 2)
res0: Seq[Int] = List(3, 4, 5)
```

Seqの要素を並べ替える

Seqをソートするには`sorted`を用います。

```scala
scala> Seq(5, 1, 4, 2).sorted
res0: Seq[Int] = List(1, 2, 4, 5)

scala> Seq("abc", "bcd", "ab").sorted
res1: Seq[String] = List(ab, abc, bcd)
```

逆順に並べるには`reverse`を用います。

```scala
scala> Seq(5, 1, 4, 2).reverse
res4: Seq[Int] = List(2, 4, 1, 5)
```

`sorted`と`reverse`はいずれも、事前定義された順序[注2]に従って、Seqをソートします。

自分で定義したクラスのインスタンスなどの、順序が事前定義されていない要素をソートするにはいくつかの方法があります。ここでは`sortBy`を紹介し

注2）　本書では詳細は割愛しますが、`math.Ordering`に従います。`Int`は整数の大小が順序として定義されており、`String`は辞書順が定義されています。

133

ます。次のように定義したMyClassのインスタンスをソートしてみましょう。

```
case class MyClass(i: Int, j: Int)
```

MyClassのiフィールドやjフィールドによって並び替える例を次に示します。

```
scala> Seq(MyClass(3, 1), MyClass(1, 3), MyClass(2, 2)).sortBy(_.i)
res0: Seq[MyClass] = List(MyClass(1,3), MyClass(2,2), MyClass(3,1))

scala> Seq(MyClass(3, 1), MyClass(1, 3), MyClass(2, 2)).sortBy(_.j)
res1: Seq[MyClass] = List(MyClass(3,1), MyClass(2,2), MyClass(1,3))
```

_.iや_.jはMyClassをIntへ変換しています。MyClassは順序が事前定義されていませんが、Intはされているため、ソートできるようになります。

なお、sortBy以外の方法として以下のようなものがあります。

・math.Orderingを定義してsortedを使う
・sortWithを使う

Seqの要素を変換する

Seqの要素をそれぞれ変換したSeqを作るにはmapを使います（図4-8）。戻り値のSeqはもとのSeqと同じ要素数を持ちます。

たとえば、Seq[String]があったときに、各要素の先頭文字だけを取り出したSeq[Char]を作りたいとします。図4-9のようなイメージです。

図4-8：mapでSeqの要素を変換する

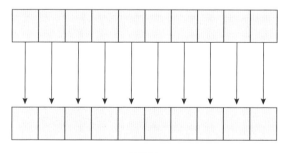

map

```
scala> Seq("Hello", "Scala", "world").map(_.head)
res0: Seq[Char] = List(H, S, w)
```

Seq[String]の各要素の文字列数からなるSeq[Int]を求めたければ、次のようにします。

```
scala> Seq("Hello", "Scala", "world").map(_.length)
res1: Seq[Int] = List(5, 5, 5)
```

入れ子になったSeqを「平らにする」にはflattenを用います。たとえばSeq[Seq[Int]]をSeq[Int]に変換できます。

```
scala> Seq(Seq(1,2), Seq(), Seq(3,4)).flatten
res1: Seq[Int] = List(1, 2, 3, 4)
```

flatMapは、mapした結果をflattenするのと同じです（図4-10）。たとえばSeq[String]の各要素の各文字からなるSeq[Char]を求めてみましょう。

まず、mapとflattenを用いると次のようになります。mapでSeq[Seq[Char]]にして、flattenでSeq[Char]にしています。

```
scala> Seq("Hello", "Scala").map(_.toSeq).flatten
res0: Seq[Char] = List(H, e, l, l, o, S, c, a, l, a)
```

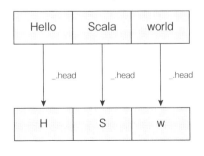

図4-9：各要素の先頭文字だけを取り出したSeqを作る

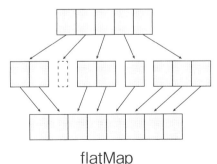

図4-10：flatMapでmapとflattenを一度に行う

第4章 コレクション

flatMapを使うと同じ処理が次のように書けます。

```
scala> Seq("Hello", "Scala").flatMap(_.toSeq)
res0: Seq[Char] = List(H, e, l, l, o, S, c, a, l, a)
```

Seqの要素を畳み込んで計算結果を得る

コレクションの要素をある演算によって順次計算していき、計算結果を得ることを「畳み込み」と呼びます。先頭の要素から順次計算するにはfoldLeftを、末尾の要素から順次計算するにはfoldRightを用います。

Seqの要素を合計する処理をfoldLeftやfoldRightで書いてみましょう。

```
// 先頭から畳み込む
// accumulatorは畳み込みの途中結果で、最初は0
// elementは次に計算する要素で、最初は1
scala> Seq(1,2,3).foldLeft(0)((accumulator, element) =>
     |    accumulator + element
     | )
res0: Int = 6

// 上の例は _ を使って次のようにも書ける
scala> Seq(1,2,3).foldLeft(0)(_ + _)  // (((0 + 1) + 2) + 3)
res1: Int = 6

// 末尾から畳み込む
scala> Seq(1,2,3).foldRight(0)(_ + _) // (1 + (2 + (3 + 0)))
```

処理のイメージは図4-11、4-12のようになります。

畳み込みを行うには以下の2つが必要です。

・初期値
・これまでの計算結果と要素を引数にとり、計算結果を返す関数

初期値を第1引数リスト、関数を第2引数リストにそれぞれ渡します。

ここで、初期値と結果の型は同じになることに注意しましょう。たとえばSeq[String]について文字数の合計を求めるには、初期値として0、文字列数をこれまでの結果に足す関数を指定します。foldLeftでもfoldRightでも同じ結果が得られます。

136

4-2 コレクションを操作するAPI

```
scala> Seq("Hello", "Scala").foldLeft(0)(_ + _.length)
res0: Int = 10

scala> Seq("Hello", "Scala").foldRight(0)(_.length + _)
res2: Int = 10
```

foldLeftでは関数として`_ + _.length`を指定しているのに対し、foldRightでは`_.length + _`を指定しています。これは、計算の途中結果がfoldLeftでは第1引数として渡されるのに対して、foldRightでは第2引数で与えられるためです。

次はreverseと同じように要素を逆順に並べる関数をfoldLeftとfoldRightで実装してみましょう。

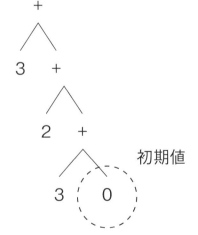

図4-11：foldLeftのイメージ　　図4-12：foldRightのイメージ

第4章 コレクション

```
scala> def reverseByFoldLeft[A](seq: Seq[A]) =
     |   seq.foldLeft(Seq[A]())((a, e) => e +: a)
reverseByFoldLeft: [A](seq: Seq[A])Seq[A]

scala> reverseByFoldLeft(Seq(1, 2, 3))
res0: Seq[Int] = List(3, 2, 1)

scala> def reverseByFoldRight[A](seq: Seq[A]) =
     |   seq.foldRight(Seq[A]())((e, a) => a :+ e)
reverseByFoldRight: [A](seq: Seq[A])Seq[A]

scala> reverseByFoldRight(Seq(1, 2, 3))
res1: Seq[Int] = List(3, 2, 1)
```

foldLeftは先頭要素から計算を始めるので、途中結果のSeqの先頭に順次要素を追加していくことで逆順に並べられます。一方foldRightは末尾要素から計算を始めるので、途中結果のSeqの末尾に順次要素を追加していきます。途中結果の具象型は戻り値の型と同じでList型です。

いずれも計算結果は同じになりますが、この実装では要素数が大きい場合に性能が大きく異なります。List型は先頭への要素追加は速く（$O(1)$、定数時間）、末尾への要素追加は遅い（$O(n)$、線形時間）という特性を持ちます。畳み込みの過程において、reverseByFoldLeftではe +: aと先頭に要素を追加しているのに対し、reverseByFoldRightではa :+ eと末尾に要素を追加しているため、後者のほうが遅くなります。代表的な具象クラスの性能特性については本章の最後で触れます。

先頭要素、または末尾要素を初期値として畳み込むには、それぞれreduceLeftとreduceRightを用います。foldLeft、foldRightでは引数で初期値と関数を渡しますが、reduceLeft、reduceRightは関数のみを渡します。

図4-13：reduceLeftのイメージ　　　図4-14：reduceRightのイメージ

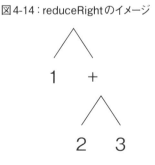

コレクションを操作するAPI | **4-2**

Seqの要素をfoldLeftやfoldRightで合計してみましょう。Seq(1, 2, 3)をreduceLeft、reduceRightを用いての合計する際の処理イメージは図4-13、4-14のとおりです。foldLeft、foldRightの場合と比較して初期値がない点が異なります。

foldLeft、foldRightでは初期値と結果の型が同じでした。一方reduceLeft、reduceRightでは初期値として先頭要素または末尾要素を用いるため、結果の型は要素の型と同じになります。

実際に、reduceLeft、reduceRightを使ってすべての要素を掛け算してみましょう。

```scala
scala> Seq(1, 2, 3, 4, 5).reduceLeft(_ * _)
res0: Int = 120

scala> Seq(1, 2, 3, 4, 5).reduceRight(_ * _)
res1: Int = 120
```

なお、要素数が0のSeqを処理しようとした場合、初期値が見つからないため例外になります。

```scala
scala> Seq[Int]().reduceLeft(_ * _)
java.lang.UnsupportedOperationException: empty.reduceLeft
  at scala.collection.LinearSeqOptimized$class.
reduceLeft(LinearSeqOptimized.scala:137)
  at scala.collection.immutable.List.reduceLeft(List.scala:84)
  ... 33 elided
```

Seqをほかのコレクションに変換する

SeqはtoSetでSetへ変換できます。Setは重複する要素を持たないので、重複する要素を持つSeqを変換した場合には要素数が減少します。

```scala
// toSetでSetに変換する。重複する要素はなくなる
scala> Seq(1, 2, 3, 1, 2).toSet
res0: scala.collection.immutable.Set[Int] = Set(1, 2, 3)
```

また、Seqの要素が2要素のタプルであるときにはtoMapでMapへ変換できます。タプルの第1要素がMapのキーになり、第2要素がMapの値になります。

139

第4章 | コレクション

```
scala> Seq("hello" -> 1, "world" -> 2).toMap
res2: scala.collection.immutable.Map[String,Int] = Map(hello -> 1, world ->
2)
```

可変なSeqに対する操作

scala.collection.mutable.Seqは破壊的に要素を変更できます。要素を変更するメソッドはupdateです。

```
scala> import scala.collection.mutable

scala> val s = mutable.Seq(1, 2)
s: scala.collection.mutable.Seq[Int] = ArrayBuffer(1, 2)

// sの2番目（0始まり）の要素を3に変更
scala> s.update(1, 3)

scala> s
res0: scala.collection.mutable.Seq[Int] = ArrayBuffer(1, 3)

// s.update(1, 3)は次のようにも書ける
scala> s(1) = 3
```

updateは代入のように＝を用いて書くことができます。上の例でs.update(i, v)はs(i) = vと等価です。

Seqのさまざまな具象型

Seq型はトレイトとして定義されており、不変な具象型の代表例としてList、Vector、Streamが、可変な具象型の代表例としてArrayBuffer、ListBufferが挙げられます。

Listは片方向リストです。先頭要素と後続のリストに定数時間でアクセスできます。Scalaのプログラム中で一般的に利用されます。このあと説明するとおり、Seq("A", "B")のように構築した場合にはListが返されます。

Listは末尾要素の参照が遅い（$O(n)$、線形時間）という特徴があります。一方でVectorはどの要素へのアクセスもある程度速い（実質的に$O(1)$、定数時間）という特徴を持ちます。要素数が少ない場合はあまり気にする必要はありませんが、多数の要素を持つSeqで末尾付近の要素へアクセスが多発する場合はVectorを使うとよいでしょう。

140

Streamはほかの型と異なり先頭要素以外が遅延評価されます。そのため無限に要素が続くシーケンスを表すことが可能です。利用することは少ないかもしれませんが、Seq型の値があったときにそれがStreamである可能性を考慮する必要があることを覚えておきましょう。

ArrayBufferは配列を内部で利用する可変なSeqです。内部が配列なのでどの要素にも定数時間でアクセスできます。末尾への追加は配列の拡大を伴う場合以外は定数時間です。一方で末尾ではない要素の削除や追加は、後ろの要素をずらす必要があるため遅い（$O(n)$、線形時間）です。

ListBufferはリストを内部で利用する可変なSeqです。リストをたどる必要があるため、要素へのアクセスは遅い（$O(n)$、線形時間）です。しかし、先頭、末尾いずれへも定数時間で要素を追加できます。

Column
コレクション変換のコツ

手続き的にコレクションを変換する際には、出力のコレクションを用意し、ループを書き、ループ内で出力に要素を追加していくという手順を踏むと思います。一方でScalaでコレクションを変換するAPIを使いこなすには、まず変換の形を意識するとよいでしょう。それにより利用するべきメソッドがわかります。

- map
  もとの要素と変換先の要素が1:1に対応するとき
- flatMap
  もとの要素ひとつに変換先の要素が0からn個に対応するとき
- filter/filterNot
  もとの要素のうち、条件に合致する（しない）ものを取り除きたいとき
- take/takeWhile/dropRight
  もとコレクションの前方からいくつかの要素を取り出したいとき

- **drop/dropWhile/takeRight**
  もとコレクションの後方からいくつかの要素を取り出したいとき
- **++**
  2つのコレクションをつなぎあわせたいとき

変換元と変換先の対応関係を最初に考えるようにすることで、コレクション変換がうまく利用できるようになると思います。

図4-15：コレクションを変換するAPI

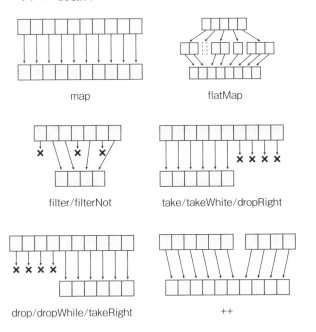

コレクションを操作するAPI | **4-2**

■ Setの操作

Set型は集合を表しています。集合はSeqと異なり重複した要素を含みません。また基本的に順序付けされていません。

Setの値を作る

Set("A", "B", "C")のようにSet.applyを呼び出すことでSetのインスタンスを作成できます。引数に重複する要素を含む場合は、重複する要素が取り除かれて集合が構築されます。

```scala
scala> Set("A", "B", "C")
res0: scala.collection.immutable.Set[String] = Set(A, B, C)

// 重複する要素は取り除かれる
scala> Set("A", "B", "A")
res1: scala.collection.immutable.Set[String] = Set(A, B)
```

Setに特定の要素が含まれているかをテストする

集合の中にある要素が含まれているかテストするにはcontainsメソッドを用います。

```scala
scala> val s = Set("A", "B", "C")
s: scala.collection.immutable.Set[String] = Set(A, B, C)

scala> s.contains("A")
res0: Boolean = true

scala> s.contains("D")
res1: Boolean = false
```

またSetのapplyメソッドは内部でcontainsを呼び出すようになっているため、要素が含まれているかテストするのに使えます。

```scala
scala> s("A")
res2: Boolean = true
```

ここで、SetオブジェクトとSetインスタンスの違いに気をつけましょう。Setインスタンスを生成するにはSetオブジェクトのapplyメソッドを使いま

143

第4章 コレクション

した。一方ここでは、要素が含まれているかをテストするのにSetインスタンスのapplyメソッドを使用しています。

Setに要素を追加する

既存のSetに要素を追加するには+や++を用います。

```
scala> val s = Set("A", "B", "C")
s: scala.collection.immutable.Set[String] = Set(A, B, C)

// 要素の追加
scala> s + "D"
res3: scala.collection.immutable.Set[String] = Set(A, B, C, D)

// 重複する要素は取り除かれる
scala> s + "A"
res4: scala.collection.immutable.Set[String] = Set(A, B, C)

// Setに含まれる要素をすべて追加するには++を使う
scala> s ++ Set("D", "E")
res5: scala.collection.immutable.Set[String] = Set(E, A, B, C, D)
```

Set.applyで構築されるのはscala.collection.immutable.Setです。不変なので一度構築した値は書き換えられません。+や++ではもとの値が書き換えられるわけではなく、新しいSetが返されることに注意してください。

可変なSetに対する操作

scala.collection.mutable.Setは破壊的に要素を追加／削除できます。要素を破壊的に追加するには+=を、削除するには-=を用います。

144

コレクションを操作する API | **4-2**

```
scala> import scala.collection.mutable

scala> val s = mutable.Set(1, 2)
s: scala.collection.mutable.Set[Int] = Set(1, 2)

// 破壊的に3を追加
scala> s += 3
res0: s.type = Set(1, 2, 3)

// もとのインスタンスが破壊的に変更されたことを確認
scala> s
res1: scala.collection.mutable.Set[Int] = Set(1, 2, 3)

// 破壊的に2を削除
scala> s -= 2
res2: s.type = Set(1, 3)

// もとのインスタンスが破壊的に変更されたことを確認
scala> s
res3: scala.collection.mutable.Set[Int] = Set(1, 3)
```

+= と -= は複数引数をとり、一気に複数の要素を追加／削除することもできます。

```
scala> import scala.collection.mutable

scala> val s = mutable.Set(1, 2)
s: scala.collection.mutable.Set[Int] = Set(1, 2)

scala> s += (3, 4, 5)
res0: s.type = Set(1, 5, 2, 3, 4)

scala> s -= (2, 3, 4)
res1: s.type = Set(1, 5)
```

Setのさまざまな具象型

Setの具象型として代表的なものにHashSet、TreeSet、ListSetがあります。HashSetとTreeSetは不変、可変それぞれに存在[注3]します。ListSetは不変なもののみが存在します。

HashSetは要素が含まれているかのテストと要素の追加が高速（実質的に$O(1)$、定数時間）なためよく利用されます。**Set.apply**を用いて構築した場合は

注3) scala.collection.immutableとscala.collection.mutableに同名のクラスがそれぞれ存在します。

第4章 | コレクション

HashSetが用いられます[注4]。

TreeSetは要素をソートした状態で保持します。一方でListSetは要素を最初に挿入した順序を保持します。

```
// Set (HashSet) は要素順を保持しない
scala> Set(5, 4, 3, 2, 1, 0, 1, 2, 3)
res0: scala.collection.immutable.Set[Int] = Set(0, 5, 1, 2, 3, 4)

// TreeSetはソートした状態で保持する
scala> scala.collection.immutable.TreeSet(5, 4, 3, 2, 1, 0, 1, 2, 3)
res1: scala.collection.immutable.TreeSet[Int] = TreeSet(0, 1, 2, 3, 4, 5)

// ListSetは要素を最初に挿入した順序を保持する
scala> scala.collection.immutable.ListSet(5, 4, 3, 2, 1, 0, 1, 2, 3)
res2: scala.collection.immutable.ListSet[Int] = ListSet(5, 4, 3, 2, 1, 0)
```

■ Mapの操作

Mapはキーと値からなるペアの集合を表現します。ほかのプログラミング言語ではハッシュや連想配列などと呼ばれることもあります。Mapはキー型と値型の型パラメータをとります。キーがString、値がIntのMapはMap[String, Int]型です。

Mapの値を作る

SeqやSetと同じように、applyメソッドを使うことでMapを構築できます。たとえばMap("Apple" -> 150, "Orange" -> 100)という形でMap[String, Int]型のインスタンスが作成できます。

```
scala> Map("Apple" -> 150, "Orange" -> 100)
res1: scala.collection.immutable.Map[String,Int] = Map(Apple -> 150, Orange
-> 100)
```

Mapのキーに対応する値を取り出す

キーを指定して対応する値を取り出すにはapplyを用います。次の例は果物の値段を表すMapを構築し、果物名をキーにして値段を取り出す例です。

注4) 実際には要素数が4以下のときは最適化のためにscala.collection.immutable.Set内のSet1からSet4が用いられます。

146

コレクションを操作するAPI **4-2**

```
scala> val priceList = Map("Apple" -> 150, "Orange" -> 100)
priceList: scala.collection.immutable.Map[String,Int] = Map(Apple -> 150,
Orange -> 100)

// applyでキーに対する値が返る
scala> priceList("Apple")
res2: Int = 150
```

存在しないキーで値段を取り出そうとするとどうなるでしょうか？

```
// applyで存在しないキーを指定した場合はNoSuchElementException
scala> priceList("Banana")
java.util.NoSuchElementException: key not found: Banana
  at scala.collection.immutable.Map$Map2.apply(Map.scala:129)
  ... 30 elided
```

NoSuchElementExceptionが発生しました。

すべてのキーを把握していない状態で、例外を発生させることなく値を取り出すにはどうしたらよいでしょうか。一つの方法は戻り値をOptionで返すgetメソッドを利用することです。存在するキーの場合は値をSomeで包んで、存在しないキーの場合はNoneを返します。

```
scala> priceList.get("Apple")
res4: Option[Int] = Some(150)

scala> priceList.get("Banana")
res5: Option[Int] = None
```

もう一つの方法は、存在しないキーの場合にデフォルト値を指定するgetOrElseメソッドを利用することです。

```
// 登録されていない果物はすべて50円とする
scala> priceList.getOrElse("Apple", 50)
res7: Int = 150

scala> priceList.getOrElse("Banana", 50)
res8: Int = 50
```

すべてのキーをリストアップするにはkeys、すべての値をリストアップするにはvaluesメソッドを用います。またsizeメソッドでは、キーと値のペア数が返されます。

147

第4章 | コレクション

```
scala> priceList.keys
res9: Iterable[String] = Set(Apple, Orange)

scala> priceList.values
res10: Iterable[Int] = MapLike.DefaultValuesIterable(150, 100)

scala> priceList.size
res11: Int = 2
```

Mapの要素を追加／削除する

存在するMapにキー値ペアを追加したり削除したりする例を次に示します。`+`
や`++`で追加、`-`で削除できます。もとの値は変更されず、追加あるいは削除後
のMapが返されます。

```
// ペアを追加
scala> priceList + ("Banana" -> 120)
res9: scala.collection.immutable.Map[String,Int] = Map(Apple -> 150, Orange
-> 100, Banana -> 120)

// 別のMap内のペアをすべて追加
scala> priceList ++ Map("Banana" -> 120, "Lemon" -> 210)
res11: scala.collection.immutable.Map[String,Int] = Map(Apple -> 150, Orange
-> 100, Banana -> 120, Lemon -> 210)

// 指定したキーのペアを削除
scala> priceList - "Orange"
res13: scala.collection.immutable.Map[String,Int] = Map(Apple -> 150)
```

可変なMapに対する操作

`scala.collection.mutable.Map`では破壊的に要素を変更できます。`+=`と
`-=`を用いてひとつのペアを追加／削除してみましょう。

コレクションを操作するAPI **4-2**

```
scala> val m = scala.collection.mutable.Map("A" -> 1)
m: scala.collection.mutable.Map[String,Int] = Map(A -> 1)

// mに「B -> 2」のペアを追加
scala> m += "B" -> 2
res0: m.type = Map(A -> 1, B -> 2)

// mからAのキーを削除
scala> m -= "A"
res1: m.type = Map(B -> 2)

// mが破壊的に変更されたことを確認
scala> println(m)
Map(B -> 2)
```

　複数のペアを追加する際や、複数のキーを削除する場合は引数を括弧でくくります。

```
scala> val m = scala.collection.mutable.Map("A" -> 1)
m: scala.collection.mutable.Map[String,Int] = Map(A -> 1)

scala> m += ("B" -> 2, "C" -> 3, "D" -> 4)
res3: m.type = Map(D -> 4, A -> 1, C -> 3, B -> 2)

scala> m -= ("B", "C")
res4: m.type = Map(D -> 4, A -> 1)

scala> println(m)
Map(D -> 4, A -> 1)
```

　`++=`ではほかの`Map`内のペアを追加、`--=`ではキーの一覧を`Seq`などで指定して削除できます。

```
scala> val m = scala.collection.mutable.Map("A" -> 1)
m: scala.collection.mutable.Map[String,Int] = Map(A -> 1)

scala> m ++= Map("B" -> 2, "C" -> 3, "D" -> 4)
res6: m.type = Map(D -> 4, A -> 1, C -> 3, B -> 2)

scala> m --= Seq("B", "C")
res8: m.type = Map(D -> 4, A -> 1)

scala> println(m)
Map(D -> 4, A -> 1)
```

第4章 | コレクション

Mapのさまざまな具象型

Mapの具象型として代表的なものにHashMap、TreeMap、ListMapがあります。それぞれの型が不変、可変にそれぞれ存在します。

HashMapは値の取り出しと要素の追加が高速(実質的に$O(1)$、定数時間)なためよく利用されます。TreeMapはキーをソートした状態で保持します。一方でListMapは要素を挿入した順序を保持します。

```
// Map(HashMap)は要素順を保持しない
scala> Map("e"->5, "d"->4, "c"->3, "b"->2, "a"->1, "b"->22, "c"->33)
res0: scala.collection.immutable.Map[String,Int] = Map(e -> 5, a -> 1, b ->
22, c -> 33, d -> 4)

// TreeMapはキーをソートした状態で保持する
scala> import scala.collection.immutable.TreeMap
import scala.collection.immutable.TreeMap

scala> TreeMap("e"->5, "d"->4, "c"->3, "b"->2, "a"->1, "b"->22, "c"->33)
res1: scala.collection.immutable.TreeMap[String,Int] = Map(a -> 1, b -> 22, c
-> 33, d -> 4, e -> 5)

// ListMapは要素を挿入した状態を保持する
scala> import scala.collection.immutable.ListMap
import scala.collection.immutable.ListMap

scala> ListMap("e"->5, "d"->4, "c"->3, "b"->2, "a"->1, "b"->22, "c"->33)
res2: scala.collection.immutable.ListMap[String,Int] = ListMap(e -> 5, d ->
4, a -> 1, b -> 22, c -> 33)
```

4-3 コレクションの実装ごとの性能特性

コレクションの各実装クラスはそれぞれ異なる性能特性を持ちます。各クラスの性能特性は[Scalaドキュメント内にある性能特性のページ[注5]にまとめられています。本章で紹介した型の性能特性を表4-1、4-2に抜粋します。

たとえばListは先頭要素への追加(head)、削除(tail)が定数時間である一方で、添字アクセス(apply)には要素サイズに対して線形時間がかかります。先頭要素の追加削除が多い場面では適切ですが、添字アクセスが多く発生する場合には向いていません。添字アクセスが多く発生する場合にはVectorなどを

注5) https://docs.scala-lang.org/ja/overviews/collections/performance-characteristics.html

150

Java標準クラスとScala標準クラスの変換 | **4-4**

検討したほうがよいでしょう。性能が重要な場面では状況に応じて適切なクラスを利用するように心がけましょう。

表4-1：Seqの性能特性

		head	tail	apply	更新	先頭に追加	最後に追加	挿入
不変	**List**	定数	定数	線形	線形	定数	線形	―
	Stream	定数	定数	線形	線形	定数	線形	―
	Vector	実質定数	実質定数	実質定数	実質定数	実質定数	実質定数	―
可変	**ArrayBuffer**	定数	線形	定数	定数	線形	ならし定数	線形
	LisBuffer	定数	線形	線形	線形	定数	定数	線形

表4-2：Set/Mapの性能特性

		検索	追加	削除	最小
不変	**HashSet/HashMap**	実質定数	実質定数	実質定数	線形
	TreeSet/TreeMap	対数	対数	対数	対数
	ListMap	線形	線形	線形	線形
可変	**HashSet/HashMap**	実質定数	実質定数	実質定数	実質定数
	TreeSet	対数	対数	対数	対数

4-4 Java標準クラスとScala標準クラスの変換

　Javaのクラスがそのまま利用できるのがScalaの利点のひとつです。Javaの標準ライブラリにもコレクションが存在します。Javaのライブラリを利用する際などに、JavaのコレクションをScalaのコレクションとして扱う、あるいはScalaのコレクションをJavaのコレクションとして扱いたいという場面が出てきます。

　`scala.collection.JavaConverters`を使えば、Javaの標準ライブラリに含まれるコレクションクラスとScalaのコレクションクラスを相互に変換できます。`import scala.collection.JavaConverters._`を実行し、Scalaのコレクションに対して`.asJava`を呼び出す、または反対にJavaのコレクションに対して`.asScala`を呼び出すことで相互に変換できます。

151

第4章 コレクション

```
scala> import scala.collection.JavaConverters._
import scala.collection.JavaConverters._

scala> Seq(1, 2, 3).asJava
res0: java.util.List[Int] = [1, 2, 3]

scala> Map("a" -> 1, "b" -> 2).asJava
res1: java.util.Map[String,Int] = {a=1, b=2}

scala> val l = new java.util.ArrayList[String]()
l: java.util.ArrayList[String] = []

scala> l.add("a")
res2: Boolean = true

scala> l.asScala
res3: scala.collection.mutable.Buffer[String] = Buffer(a)
```

このように双方向に変換できるのは次のとおりです。

- scala.collection.Iterable と java.lang.Iterable
- scala.collection.Iterator と java.util.Iterator
- scala.collection.mutable.Buffer と java.util.List
- scala.collection.mutable.Set と java.util.Set
- scala.collection.mutable.Map と java.util.Map
- scala.collection.mutable.concurrent.Map と java.util.concurrent.Concurrent
  Map

次のクラスは一方方向に変換できます。

- scala.collection.Seq から java.util.List へ
- scala.collection.mutable.Seq から java.util.List へ
- scala.collection.Set から java.util.Set へ
- scala.collection.Map から java.util.Map へ

4-5 for式によるコレクション操作

ここまでmap、flatMap、foreachといったメソッドがさまざまなクラスで出てきました。これらのメソッドがネストする場合はfor式を使うときれいに書けます。for式はmap、flatMap、foreach、withFilterの組み合わせにコンパイル時に置換されます。

■ yieldのあるfor式

たとえばOption[Int]を3つ足し合わせるとき、flatMapとmapを使って書けば次のようになります。

```
val o1: Option[Int] = Some(1)
val o2: Option[Int] = Some(2)
val o3: Option[Int] = Some(3)

o1.flatMap { i1 =>
  o2.flatMap { i2 =>
    o3.map { i3 =>
      i1 + i2 + i3
    }
  }
}
```

足し合わせるOptionの数だけネストが深くなることがわかると思います。また一番内側(o3)だけflatMapをmapにしなければならないことにも注意が必要です。

for式を用いれば、同じことが次のように書けます。

```
for {
  i1 <- o1
  i2 <- o2
  i3 <- o3
} yield i1 + i2 + i3

// こう書いても同じ
for (i1 <- o1; i2 <- o2; i3 <- o3) yield i1 + i2 + i3
```

for式の場合は、Optionの数が増えてもネストが深くなりませんし、flatMapとmapの使い分けについて考えることもありません。上のコードはコンパイル

第4章 コレクション

時に、flatMapとmapを用いたコードに変換されます。

この例ではOptionを用いましたが、map、flatMapなどを持つクラスであれ
ばfor式で使うことができます。本章で説明したコレクションはすべてfor式
ともに使うことができます。

■ yieldのないfor式

foreachをforで置き換える場合にはyieldを付けません。

```scala
val list1 = List(1, 2, 3)
val list2 = List("a", "b", "c")

// list1とlist2の要素の全組み合わせを出力する
// foreachで書く場合
list1.foreach { e1 =>
  list2.foreach { e2 =>
    println((e1, e2))
  }
}

// for式で書く場合
for {
  e1 <- list1
  e2 <- list2
} println((e1, e2))

// こう書いても同じ
for (e1 <- list1; e2 <- list2) println((e1, e2))
```

yieldがあるfor式ではジェネレータ右辺の型がそろっている必要がありま
す。一方でyieldがないfor式ではジェネレータ右辺の型がそろっている必要
はないという違いがあります注6。

OptionとSeqの組み合わせで試してみましょう。

```scala
scala> for (o <- Option(1); l <- Seq(10, 20)) yield o + l
<console>:13: error: type mismatch;
 found    : Seq[Int]
 required: Option[?]
       for (o <- Option(1); l <- Seq(10, 20)) yield o + l
                                 ^

scala> for (o <- Option(1); l <- Seq(10, 20)) println(o + l)
11
21
```

注6) yieldがある場合はflatMap、mapに、ない場合はforeachに展開されることから出てくる違いです。

154

■ for式の中のガード節

for式の中のe1 <- list1などの部分をジェネレータと呼びます。満たされたときだけ処理を進める条件(ガード)をジェネレータに付与できます。

たとえば先ほどの例で、e1が奇数のときだけ処理をするには次のようにします。

```
// ifの部分がガード
for {
  e1 <- list1 if e1 % 2 == 1
  e2 <- list2
} println((e1, e2))

// ガードはwithFilterにコンパイルされる
list1.withFilter(e1 => e1 % 2 == 1).foreach { e1 =>
  list2.foreach { e2 =>
    println((e1, e2))
  }
}
```

if e1 % 2 == 1の部分がガードです。ガードを持つジェネレータはコンパイル時にwithFilterに展開されます。

* * *

本章ではScalaの標準ライブラリで提供されるコレクションの代表的な利用例を紹介しました。紹介した内容を身につければ、ある程度スムーズにコレクションを用いたプログラミングできるはずです。紹介したもの以外にも便利なクラスやメソッドがそろっているので、実際のプログラミングの中で「こういうのがほしいな」と思ったら一度APIドキュメントを確認するのがお勧めです。

第5章

並行プログラミング

　並行プログラミングとはその名のとおり、複数の処理を並行して実行するプログラミング手法のことを指します。並行プログラミングは一般にスループットと即応性を向上させますが、その一方で排他制御の複雑さも持ち込んでしまうことがあります。場合によってはデッドロックによりプログラムが動作しなくなる危険もありますので、取り扱いの難しい手法といって差し支えないでしょう。

　本章では、並行プログラミングを簡便に行うことのできるツールとして、`scala.concurrent.Future`を紹介します。

第5章 | 並行プログラミング

5-1 並行プログラミングのメリットとデメリット

Futureの使い方を見ていく前に、まずは並行プログラミングそのものについて簡単におさらいしておきましょう。

並行プログラミングとは、ある計算がほかの計算の終了を待つ逐次(*sequential*)処理ではなく、ほかの処理と同時に実行されうる(これを「並行(*concurrent*)」と呼びます)プログラミング手法です。例えば昨今のSNSのようなサービスを例に考えてみると、フィードのテキストや画像の読み込みを複数同時にこなしている間でも、ユーザーからの入力や操作を受け付けるのが当たり前になっています。このようなWebサービスのサーバサイドは並行プログラミングの代表的な例です。

■ メリット

並行プログラミングには、大きく分けて2つの利点があります。

一つは、スループットの向上です。近年CPUなどのプロセッサはクロック数の上昇がほぼ頭打ちとなり、マルチコア化が進んでいます。プロセッサがマルチコアであるにもかかわらず処理を逐次実行した場合、そのコアのうち1つしか活用できませんので、容易にプロセッサの性能がボトルネックとなります。一方並行プログラミングを行うことで、プロセッサの各コアにタスクを分配して並行して実行させることができます。そのため適切な数のスレッドを設けてタスクを並行処理させることにより、プロセッサの性能を最大限活用できます。

もう一つは、即応性の向上です。たとえばユーザからの操作を受け付けるスレッドで時間がかかるタスクを処理すると、処理完了までの間ユーザからの操作を受け付けられません。このとき、ユーザからは「フリーズ」しているように映ります。並行処理をさせることにより、迅速かつ一貫した時間内でユーザに応答できます。

■ デメリット

先のようなメリットがある一方、並行プログラミングでは、逐次的な処理で

並行プログラミングのメリットとデメリット | 5-1

は起きない複雑な問題が発生することがあります。ここでは並行プログラミングの典型的な問題として「競合状態」と「デッドロック」について解説します。

競合状態

並行プログラミングでは、「あるスレッドでの計算結果を別のスレッドで利用したい」というケースがしばしば起きます。しかし、そのために可変の状態をスレッド間で共有していると、予測不可能な結果を引き起こすおそれがあります。

たとえば、以下のように可変の変数iを複数のスレッドから書き換える際のことを考えてみましょう。このとき、スレッドAがiに1を加算している最中に、スレッドBがiに1を加算してしまう[注1]かもしれません。そのため、何が結果値として得られるか(この場合はprintln(i)で標準出力に表示される数字は何か)を予測するのが不可能です。このような状態のことを「競合状態」と呼びます。

```
// スレッドAにおいて、iに1を100回加える
new Thread(() => {
  (1 to 100).foreach(_ => i += 1)
}).start()

// スレッドBでも、iに1を100回加える
new Thread(() => {
  (1 to 100).foreach(_ => i += 1)
}).start()

// 本来ならiに合計200が加わるはずだが、実際はそうならない
// println(i)
// 125
```

では、競合状態を引き起こさないためにはどうしたらよいのでしょうか?

1つ目の方法はロックによる排他制御です。ロックはsynchronizedメソッドにより取得できます。一度に1つのスレッドしかsynchronizedメソッドを呼び出した特定オブジェクトのロックを取得できません。すなわち、あるスレッドがロックを取得している間にほかのスレッドはロックを取得できず、競合し

注1) += 演算子は、iの値の読み込みとiへの値の書き込みの2つの処理を行っています。その読み込みと書き込みの間にほかの処理が挟まってしまうおそれがあることが、「競合状態」の原因です。今回は「synchronizedメソッドの引数として += 演算子を含む式を渡すことで、+= による加算処理を分割不可能にした」ととらえることができます。このような分割不可能な操作を、アトミック(*atomic*)操作と呼びます。またsynchronizedを明示的に使わずとも、java.util.concurrent.atomicパッケージに用意されているAtomicIntegerなどのアトミック性を保証するクラスを利用することで、競合状態を防ぐこともできます。詳しくはJavadocを参照してください。
https://docs.oracle.com/javase/jp/10/docs/api/java/util/concurrent/atomic/AtomicInteger.html

159

第5章 | 並行プログラミング

うる変更をできない状態になります。これにより複数のスレッド間で排他制御を行うことができます。先の例においては、共有している可変の状態(ここではi)の操作の前にロックを取得することで、あるスレッドの加算処理中にほかのスレッドの加算処理が発生しないことを保証できます。

```
var i = 0

// スレッドAにおいて、毎回iのロックを取得してからiに1を加える
new Thread(() => {
  (1 to 100).foreach { _ =>
    i.synchronized {
      i += 1
    }
  }
}).start()

// スレッドBでも、毎回iのロックを取得してからiに1を加える
new Thread(() => {
  (1 to 100).foreach { _ =>
    i.synchronized {
      i += 1
    }
  }
}).start()

println(i)
// 200
```

しかしながらロックによる排他制御は、次に述べるようにデッドロックと呼ばれる別の問題を引き起こすおそれがあります。

もう一つの方法は、複数のスレッド間で可変な状態を共有しないことです。Scalaではこちらの方法を推奨しており、そのためにScala標準ライブラリのscala.concurrent.Futureに処理順序を保証するものをはじめ、さまざまなAPIを用意しています。

デッドロック

並行プログラミングで陥るおそれのある典型的な問題のもう一つがデッドロックです。

ロックはsynchronizedメソッドにより取得できること、そしてロックによる排他制御でも競合状態を防げることを学びました。しかしたとえば、いずれかのスレッドが永遠にロックを取得できない状態となった場合、そのスレッド

160

並行プログラミングのメリットとデメリット | 5-1

はそれ以上処理を進めることができなくなる可能性があります。このような状態のことをデッドロックと呼びます。

以下のコードを考えてみましょう。

```
val i = "hoge"
val j = "fuga"

val thread1 = new Thread(() => {
  while (true) {
    i.synchronized {
      println("Thread1 gets lock of i")
      Thread.sleep(10)
      j.synchronized {
        println(
          "Thread1 result " + i + j + " with releasing locks of i and j!")
      }
    }
  }
})

val thread2 = new Thread(() => {
  while (true) {
    j.synchronized {
      println("Thread2 gets lock of j")
      Thread.sleep(10)
      i.synchronized {
        println(
          "Thread2 result " + i + j + " with releasing locks of i and j!")
      }
    }
  }
})

thread1.start(); thread2.start()
```

上記プログラムは、以下の出力を伴って止まります。

```
Thread1 gets lock of i
Thread2 gets lock of j
//ここで止まる
```

thread1、thread2ともにiとjのロックを同時に取得しなければ処理が先に進まない仕様になっているにもかかわらず、thread1がiのロックを取得した状態でthread2がjのロックを取得してしまいます。結果として、永遠にどちらのスレッドもi、j両オブジェクトのロックを取得できず、処理が先に進みません。すなわち、thread1、thread2ともにデッドロックに陥ります。

161

第5章 | 並行プログラミング

実際のところScalaでは、明示的な`synchronized`メソッドによる排他制御とそれに伴うブロッキングをできるだけ行わないことで、デッドロック問題を回避する方針を採用しています（ただし、完璧に防げるわけではありません）。

5-2 Futureの基本的な使い方

それでは、`scala.concurrent.Future`の基本的な使い方について見ていきましょう。

まず、次のような非常に単純な`HttpTextClient`について考えましょう。この`HttpTextClient`の`get`メソッドは同期API[注2]で非効率です。なぜなら、`get`メソッドを呼び出すと、このHTTPリクエストが完了してレスポンスを受け取り、そのbodyの文字列を返すまで、呼び出しスレッドはブロックして待つことになるからです。通常HTTP通信は時間がかかる処理ですので、**Future**を活用して非同期に実行してみましょう。

```
import scala.io._

object HttpTextClient {
  // 引数で渡したURLからGETしたbodyを返す
  def get(url: String): BufferedSource = Source.fromURL(url)
}
```

なお、**Source**は特定のURLやファイルから文字列を簡便に読み込むためにScala標準ライブラリに用意されているオブジェクトです。戻り値の`BufferedSource`型は文字を何らかのソースからバッファリングしながら読み込むためのクラスで、`Iterator[Char]`型を継承しています。

■ Futureインスタンスの生成

`HttpTextClient.get`が同期APIであり、このままでは使い勝手が良くないことを説明しました。そこで、`scala.concurrent.Future`を使って`HttpTextClient.get`を非同期に実行してみましょう。

注2）ここでは、「同期API＝逐次処理するAPI」程度の意味ととらえてください。逆に並行処理するAPIは非同期APIとも呼ばれます。

162

Futureの基本的な使い方 | **5-2**

何らかの計算を非同期に実行するために最も簡単な方法は、以下のように定義される`Future.apply`メソッドを使うことです。

```
object Future {
  def apply[T](f: => T)(implicit executor: ExecutionContext): Future[T]
}
```

`Future`オブジェクトの`apply`メソッドは、引数として渡した式を非同期に評価し、その評価値を`Future`型で「くるんで」返します（第2章の「特別なメソッド名」で解説したとおり、`.apply`を省略したコードとしていることに注意してください）。

この際、`apply`メソッドの引数に渡す式において、（計算結果を外部に渡すなどの目的で）式外の可変な状態への参照を持たせないよう気をつけてください。`Future`による計算結果は、後述の`onComplete`、`map`、`flatMap`や`andThen`といったメソッドにより、非同期処理が終わったタイミングで取り出せる設計になっています。そのため、可変の状態やロックを使用することなく、あるスレッドにおける計算結果をほかのスレッドで利用することを可能にしています。

なお、引数として渡した式が致命的でない[注3]例外を投げた場合、その例外は捕捉され、代わりに戻り値として「失敗した`Future`型の値」を返します。失敗した`Future`型の値は成功値の代わりにその例外型の値を保持します。これにより、後述の`onComplete`メソッドや`foreach`メソッド、`recover`メソッドなどの挙動が、成功した`Future`型の値と異なります。

また、`Future.apply`に渡された式は、何度その戻り値の値を参照されようとも一度しか評価されません。暗黙のパラメータである`implicit executor: ExecutionContext`については後述します。

この`Future.apply`を使って、`HttpTextClient.get`を非同期に実行するには、以下のように書きます。

注3) 具体的には、`OutOfMemoryError`や`StackOverflowError`といった`VirtualMachineError`のサブクラス、`ThreadDeath`、`LinkageError`、`InterruptedException`、`ControlThrowable`といった局所的に捕捉すべきでない例外です。詳しくは`scala.util.control.NonFatal`のScaladocを参照してください。
https://www.scala-lang.org/api/current/scala/util/control/NonFatal$.html

163

第5章 | 並行プログラミング

```
import scala.io._
import scala.concurrent._
import ExecutionContext.Implicits.global

// 本来は不要だが、説明のため変数にFuture[BufferedSource]という型注釈を付けている
val responseFuture: Future[BufferedSource] =
  Future(HttpTextClient.get("http://scalamatsuri.org/"))
```

HttpTextClient.getはHTTPレスポンスのbodyをBufferedSource型で
返しますので、FutureでくるまれるとFuture[BufferedSource]型の値とな
ります。これにより、いつ評価が終わるかわからない値を簡便に取り扱うため
のFuture APIを利用できます。

■ コールバックを登録する

ここまででFuture[T]型の値の作り方を学びましたが、そのくるまれた値は
どのように利用したらよいのでしょうか。Future[T]に用意されているメソッ
ド群を利用することで、Futureに渡された式の非同期な評価が完了したタイミ
ングで呼ばれる関数(これをコールバック(*callback*)と呼びます)を登録できます。
これにより、FutureでくるまれたT型の値が利用可能になった時点で、その
コールバックが発火されるようになります。

どのようなコールバックを登録可能かについてはあとで詳しく見ていきます
ので、ここではonCompleteについてのみ解説します。onCompleteメソッドは
次のように定義されており、Futureが完了したときに成否にかかわらず呼ばれ
るコールバック関数を登録します。なお、もしすでに完了しているFuture型
の値に対してonCompleteメソッドを呼んだ場合は、登録されたコールバック
関数が直ちに発火します。

```
def onComplete[U](f: Try[T] => U)(implicit executor: ExecutionContext): Unit
```

ここで引数として渡される1引数関数Try[T] => Uは成否にかかわらず呼ば
れますので、この1引数関数の引数型はTry型となっています。第3章で紹介し
たとおり、Tryの具象型には成功を表すSuccess型と失敗を表すFailure型が
あり、それぞれFutureの成功時／失敗時に対応します。詳しくはこのあとの
サンプルコードを参照してください。

164

Futureの基本的な使い方 **5-2**

　以下は、実際に非同期に実行した`HttpTextClient.get`の結果を、
`onComplete`メソッドを使って標準出力するサンプルです。`onComplete`メソッ
ドを呼び出された`Future`が成功した場合は`Success(body)`の`case`句にマッチ
し、失敗した場合は`Failure(throwable)`句にマッチします。

```scala
import scala.util._
import scala.concurrent._
import ExecutionContext.Implicits.global

/**
 * URLに scalamat's'uri のtypoがあるため、
 * HttpTextClient.getはUnknownHostExceptionを投げる
 * 結果として、Future.applyの戻り値は、失敗したFuture型の値となる
 */
val failedFuture = Future(HttpTextClient.get("http://scalamaturi.org/"))

failedFuture.onComplete {
  case Success(body) =>
    println(body.mkString)
    body.close()
  case Failure(throwable) => println("エラーが発生 " + throwable.toString)
}

/**
 * パターンマッチ無名関数が以下のように展開される
 *
 * failedFuture.onComplete { result =>
 *   result match {
 *     case Success(body) =>
 *       println(body.mkString)
 *       body.close()
 *     case Failure(throwable) =>
 *       println("エラーが発生 " + throwable.toString)
 *   }
 * }
 */

/**
 * 標準出力には以下のとおり出力される
 *
 * エラーが発生 java.net.UnknownHostException: scalamaturi.org
 */
```

　なお、`onComplete`の引数として(`match`のない)パターンマッチ関数が渡され
ていることにも注目してください。これは「パターンマッチ無名関数(*pattern
matching anonymous function*)」と呼ばれる記法です。`onComplete`の引数のよう
に`FunctionN`型の値が要求されているところでは、パターンマッチの`case`句

165

第5章 | 並行プログラミング

を直接書くことができます。

以上で、単純なコールバック関数をFuture型の値に対し定義できました。Future型の特徴として、Future型の値が生成されたあとにコールバック関数を登録できることが挙げられます。一般的なイベント駆動のAPIでは非同期処理を行った時点でコールバック関数を登録しなければいけないため、責務の分離が難しくなりがちですが、Future型ではそのようなことがありません。

■ 暗黙のパラメータについて

さて、これまで説明を省いてきましたが、Futureのメソッド群で頻出しているimplicit executor: ExecutionContext注4とはいったいなんでしょうか?

implicit executor: ExecutionContextの意味は、「暗黙のパラメータとしてscala.concurrent.ExecutionContextを引数にとる」ということです。詳しくは第2章の「暗黙のパラメータ」で解説しましたが、ここでの「暗黙」とは、引数として明示的に渡さなくても、スコープ内にscala.concurrent.ExecutionContext型の暗黙の値があれば暗黙的に引数として使用するということです。

では、scala.concurrent.ExecutionContext型とはどういったものでしょうか? Scala 2.12.7現在、ExecutionContextにはexecuteとreportFailureの2つの抽象メソッドが宣言されています。

```
def execute(runnable: Runnable): Unit
def reportFailure(cause: Throwable): Unit
```

Futureに定義されている関数は、実際に非同期処理の実行(execute)とエラー処理(reportFailure)を、暗黙のパラメータとして渡されたExecutionContext型の値に委譲しているのです。すなわち、その場で使用するExecutionContext型の値の実装によって、どのようにexecuteされたりreportFailureされるかが初めて決定されます。

また、これまでのサンプルコードでimport ExecutionContext.Implicits.globalという1行が書かれていたことにお気付きでしょうか。

ExecutionContext.Implicits.globalは、Scala標準で用意されている

注4) ExecutionContextについてさらに詳しくは、公式ドキュメントを参照してください。
　　 http://docs.scala-lang.org/overviews/core/futures.html#execution-context

ExecutionContext型の暗黙の値です。このExecutionContext.Implicits.
globalインスタンスは内部にスレッドプールを保持しているため、import
ExecutionContext.Implicits.globalとすることで、Futureはそのスレッ
ドプールを使用して並行処理を行います。

REPL上で試すのであればExecutionContext.Implicits.globalで十分で
すが、Webフレームワークなどで独自の実装を用意されているケースなどもあ
り、特にプロダクションでの使用をする場合は適切なものを選ぶ必要がありま
す。

5-3 Futureを扱うためのAPI

Futureには、onComplete以外にも「くるまれた値」を扱うためのさまざまな
APIが提供されています。本章の後半ではこれらについて見ていきましょう。

■ successful/failed —— すでにある値をFuture型でくるむ

Futureオブジェクトには、すでに存在している値を同期的にFuture型に変
換する関数が用意されています。それが、以下のとおり定義されている
successfulとfailedです。

```
object Future {
  def successful[T](result: T): Future[T]
  def failed[T](exception: Throwable): Future[T]
}
```

successfulは、すでにある値をFutureが成功した場合の値としてくるみま
す。一方failedは、すでにあるThrowableを継承した値をFutureが失敗した
場合の値としてくるみます。

第5章 | 並行プログラミング

```
import scala.concurrent._
import scala.util._

val future = Future.successful(2)

future.onComplete {
  // ただちに成功し、2が出力される
  case Success(result) => println(result)
  // 失敗することはない
  case Failure(t) =>
}
```

これらの関数はただ Future 型でくるむだけなので、何かの計算を非同期実行するわけではありません。したがって暗黙のパラメータ implicit executor: ExecutionContext をとらないことに注目してください。

■ map/flatMap —— 複数の非同期処理をまとめる

Future 型の最も強力な性質の一つとして、合成可能性(*composability*)があります。ここで言う「合成可能性」とは、複数の Future 型の値を合成し、単一の Future 型の値にする能力です。これにより、簡単に複数の非同期処理をまとめることができます。

そのための機能として、まずは以下のとおり定義される map メソッドを紹介します。map は第3章や第4章で解説したものと同様に、Future 型の中身の値を変換します。map メソッドも暗黙のパラメータとして ExecutionContext 型の値をとっており、この変換も通常は非同期に実行されます。

```
def map[S](f: T => S)(implicit executor: ExecutionContext): Future[S]
```

map による変換の途中で例外が投げられた場合はどうなるでしょうか? Future.apply と同様、その例外を捕捉したうえで、失敗値として持つ Future 型の値を戻り値として返します。また、失敗した Future 型に対し map メソッドを呼び出した場合は、単に同じ失敗値を持つ Future を返します。

これまでに定義した HttpTextClient.get メソッドの戻り値を、map 関数を使って加工することを考えましょう。ここでは、BufferedSource 型の mkString 関数を使って、HTTPレスポンスの body を String 型の値に変換しています。

168

```
import scala.concurrent._
import ExecutionContext.Implicits.global

val future: Future[BufferedSource] = Future(
  HttpTextClient.get("http://scalamatsuri.org/"))

future
  .map(
    s =>
      try s.mkString
      finally s.close)
  .onComplete {
    case Success(body) => println(body)
    case Failure(t)    => t.printStackTrace()
  }
```

　続いては、以下のとおり定義される flatMap です。flatMap も第3章や第4章と同様に、Future 型の中身の値を Future 型の別の値に変換し、その後 Future のネストを取り除きます。すなわち、flatMap は Future 型の合成に相当します。

```
def flatMap[S](f: T => Future[S])(
      implicit executor: ExecutionContext): Future[S]
```

　flatMap メソッドも暗黙のパラメータとして ExecutionContext 型の値をとっており、この変換も（引数として渡された ExecutionContext の実装によりますが、通常は）非同期に実行されます。

　なお、flatMap の例外に関する挙動は map と同様です。変換の途中で例外が投げられた場合は、その例外を捕捉したうえで、失敗値として持つ Future 型の値を戻り値として返します。また、失敗した Future 型に対し flatMap メソッドを呼び出した場合もやはり、単に同じ失敗値を持つ Future を返します。

　それでは、これまでに定義した HttpTextClient.get メソッドの戻り値を、flatMap 関数を使って加工することを考えましょう。まず準備として、これまで別個に実装していた非同期に GET してレスポンスの body を文字列にするメソッド getAsync と、引数に渡した文字列から URL を非同期に抽出する extractURLAsync メソッドをそれぞれ定義します。getAsync メソッドの戻り値と extractURLAsync メソッドの戻り値はどちらも Future 型となっていますので、flatMap メソッドで戻り値を合成できます。

第5章 | 並行プログラミング

```scala
import scala.concurrent._
import ExecutionContext.Implicits.global

def getAsync(url: String): Future[String] =
  Future(HttpTextClient.get(url)).map(
    s =>
      try s.mkString
      finally s.close)

def extractURLAsync(body: String): Future[Seq[String]] = {
  val urlRegix = """https?://[¥w.:$%?&()=-+-~]+""".r
  Future {
    urlRegix.findAllIn(body).toSeq
  }
}

val urlsFuture: Future[Seq[String]] =
  getAsync("http://scalamatsuri.org/").flatMap(extractURLAsync)
urlsFuture.onComplete {
  case Success(urlList) =>
    println("指定したURLには、次のURLが含まれていました：" + urlList.mkString("
, "))
  case Failure(t) => t.printStackTrace()
}
```

■ for式 —— 非同期処理を柔軟に合成する

コレクションの際と同様にfor式を活用することも可能です。下記の例では、urilsInMatsuriとurilsInOfficialという2つのFuture型の値を合成して、urlsという単一のFuture型の値を生成しています。

```scala
import scala.concurrent._
import ExecutionContext.Implicits.global

val urlsInMatsuri = getAsync("http://scalamatsuri.org/").
flatMap(getURLAsync)
val urlsInOfficial =
  getAsync("http://www.scala-lang.org/").flatMap(getURLAsync)

val urls = for {
  mUrls <- urlsInMatsuri
  oUrls <- urlsInOfficial
} yield mUrls ++ oUrls

urls.onComplete {
  case Success(urlList) =>
    println("指定したURLたちには、次のURLが含まれていました：" + urlList.
mkString(" , "))
  case Failure(t) => t.printStackTrace()
}
```

　この for 式による合成は何を意味するのでしょうか。順を追ってみると、別々のスレッドで計算されたextractURLAsyncの結果2つを、flatMapを実行するスレッドに受け渡し、結合していることがわかります。可変の状態やロックを使うことなくこの一連の操作を実現できていることが、Futureによる並行プログラミングが簡便である所以です。

　またこの例からもわかるとおり、Future型の値を複数用意できさえすれば、自由に組み合わせることでさまざまな応用の可能性があります。また、合成可能性を十分担保したコードは一般的に再利用性が高まり、DRY（*Don't Repeat Yourself*）原則に適うことになります。

　ただし、for式内で依存関係のないFuture型のインスタンスを複数生成すべきでないことに注意してください。もし複数のFuture型のインスタンスをfor式内で生成すると、本来並行処理できるはずの複数のFutureが逐次的に評価されてしまい、Futureで非同期処理をする意味がほぼなくなってしまいます。

　具体的には以下のようなケースです。

```scala
for {
  // 重い処理1
  i <- Future((1 to 100000).sum)
  // 重い処理2
  j <- Future((1 to 10000).sum)
} println(i + j)
```

第5章 ┃ 並行プログラミング

このコードの実際の解釈は、-Xprint:namer オプションにより構文を脱糖衣することで、以下のとおりであると確認できます(少し読みにくいですが、$plus は+メソッドのことです)。すなわち、最初のFutureが評価されたあとに次のFutureの評価を始めているため、実質並行処理をしていないことになります。

```
Future(1.to(100000).sum)
.foreach(((i) => Future(1.to(10000).sum)
.foreach(((j) => println(i.$plus(j))))))
```

並行に評価させるには、次のように書くとよいでしょう。

```
//重い処理1
val f1 = Future((1 to 100000).sum)
//重い処理2
val f2 = Future((1 to 10000).sum)
for {
  i <- f1
  j <- f2
} println(i + j)
```

■ andThen —— Futureが完了したあとに副作用のある処理をする

ここまでで、Future型にコールバック関数を登録する方法と合成する方法を学びました。しかし実際には、Futureの合成の最中に何らかの副作用(副作用については第9章で詳述します)を行うコールバック関数を定義したいことも多々あるでしょう。

そういった場合には、以下のとおり定義されているandThenメソッドが役立ちます。andThenは「そのあとに」という関数名のとおり、Futureが完了したあとに「成否にかかわらず」評価される関数を引数にとります。

```
def andThen[U](pf: PartialFunction[Try[T], U])(
    implicit executor: ExecutionContext): Future[T]
```

ここで引数の型PartialFunction[Try[T], U]に注目してください。PartialFunction(部分関数)は、引数にひょっとしたらマッチしないかもしれないパターンマッチ関数を渡しても、それが原因でMatchErrorは引き起こしません。また、PartialFunctionの第1型パラメータ(すなわち「引数として渡

172

した部分関数」がとる引数）が Try 型です。つまり、成功時だけ、ないしは失敗時だけに評価する式も書きやすい設計となっています。

以下では、getAsync メソッドの戻り値に対して andThen メソッドを呼び出すことで、HTTP レスポンスの body を出力したあと、そこに含まれる URL の抽出を行っています。onComplete メソッドの解説でも登場した、パターンマッチ無名関数がふたたび登場していることにも注目してください。Partial Function 型が要求されている場所でも、パターンマッチ無名関数のリテラルを使用できます。

```
getAsync("http://scalamatsuri.org/")
  .andThen {
    // HTMLのbodyを標準出力に表示。失敗時にはこのcase句は呼び出されない
    case Success(body) => println("指定URLのbody：" + body)
  }
  .flatMap(extractURLAsync(_))
  .onComplete {
    case Success(urlList) =>
      println("指定URLには、次のURLが含まれていました：" + urlList.mkString(",
"))
    case Failure(t) => t.printStackTrace()
  }
```

先に解説した onComplete メソッドと異なり、andThen メソッドの戻り値は成否にかかわらず現在の Future とまったく同一の結果を返す新たな Future を返します。そのため「andThen 関数を使用して副作用のある何らかの関数を評価したあと、さらに Future に対してほかの処理を継続する」という使い方をします。

■ foreach ── Future が成功したあとに副作用のある処理をする

以下のとおり定義されている foreach も Future が完了したあとに評価される関数を引数にとりますが、andThen とは異なり「成功時にのみ」評価されます。引数の型は部分関数ではありませんので、パターンマッチ関数を渡す場合は必ず網羅的なものを渡してください。また、戻り値も Unit 型となっていますので、foreach は「副作用のある関数を評価したあとは継続処理しない」というときに使用します。

第5章 並行プログラミング

```
def foreach[U](f: (T) ⇒ U)(implicit executor: ExecutionContext): Unit
```

　以下では、getAsync メソッドの戻り値に対して foreach メソッドを呼び出すことで「成功時のみ HTTP レスポンスの body を出力し、失敗時には何もしない」という処理をしています。

```
import ExecutionContext.Implicits.global

getAsync("http://scalamatsuri.org/").foreach {
  // HTMLのbodyを標準出力に表示
  body => println("指定URLのbody：" + body)
}
```

■ recover/recoverWith —— 失敗したFutureを変換する

　recover メソッドを使うと、以下のような処理を行えます。

・もとの Future が成功した場合
　同一の結果を持つ新たな Future 型の値を返す
・もとの Future が成功しなかった場合
　Future が持つ失敗値の Throwable に対し、recover の引数として渡された部分関数を適用した値を「成功時の値として」返す

　失敗した Future を成功した Future に変換するため、recover という名前がついているわけです。なお、recover メソッドは以下のように定義されています。ここでも暗黙のパラメータ ExecutionContext をとることに注意してください。

```
def recover[U >: T](pf: PartialFunction[Throwable, U])(
    implicit executor: ExecutionContext): Future[U]
```

　以下の例では getAsync メソッドの戻り値に対して recover メソッドを呼び出すことで、成功時には HTTP レスポンスの body が使われ、失敗時には「NotFound?」という文字列が使われることになります。

Futureを扱うためのAPI 5-3

```
import ExecutionContext.Implicits.global

// URLに scalamat's'uri のtypoがあるため失敗する
getAsync("http://scalamaturi.org/")
  .recover {
    case t => "NotFound?"
  }
  .foreach {
    // HTMLのbodyを標準出力に表示
    body => println("指定URLのbody：" + body)
  }
```

　以下のように定義される recoverWith も同様に、もとの Future が成功した
場合には同一の結果を持つ新たな Future 型の値を返します。しかし成功しな
かった場合は、Future の失敗型の Throwable に対し recoverWith の引数とし
て渡された部分関数を適用した値をもとに、「成功ないしは失敗した Future 型
の値」を返します。ここでも暗黙のパラメータ ExecutionContext をとること
に注意してください。

```
def recoverWith[U >: T](pf: PartialFunction[Throwable, Future[U]])(
    implicit executor: ExecutionContext): Future[U]
```

　recover との大きな違いは、recoverWith の引数として渡した部分関数にお
いて、条件にマッチする場合でも失敗した Future 型を返すことで、recoverWith
の戻り値も失敗した Future 型にできる点です。
　以下の例では、getAsync メソッドの戻り値に対して recoverWith メソッド
を呼び出すことで、UnknownHostException により失敗した場合には代わりに
getAsync("http://2013.scalamatsuri.org/")の結果を戻り値として返し
ています。

第5章 | 並行プログラミング

```
import scala.concurrent._
import ExecutionContext.Implicits.global
import java.net.UnknownHostException

// 2012年のScalaMaturi Webサイトは存在しないので失敗する
getAsync("http://2012.scalamatsuri.org/")
  .recoverWith {
    // 2013年のScalaMaturi Webサイトを使用する
    case t: UnknownHostException =>
      getAsync("http://2013.scalamatsuri.org/")
    case t => Future.failed(t)
  }
  .foreach {
    // HTMLのbodyを標準出力に表示
    body => println("指定URLのbody：" + body)
  }
```

■ result/ready ── ブロックして結果を取得する

　ここまで、Futureを利用して非同期にさまざまな処理を行って結果を加工したり、コールバック関数を登録することで後続の処理を行う方法を学びました。しかし自動テストの場合など、Futureの完了をブロックして待ちたいケースはどうしたらよいでしょうか。Future型のスーパータイプであるAwaitable型およびAwaitオブジェクトにはブロックして結果を待つためのAPIが用意されています。

　Awaitable型には、本書執筆時点のScala 2.12.7において2つの抽象メソッドresultとreadyが宣言されています。ただし通常これらを直接呼び出すことはできず、次に説明するAwaitオブジェクトにそれぞれ用意されているメソッド経由で使用します。

```
trait Awaitable[+T] {
  def ready(atMost: Duration)(implicit permit: CanAwait): this.type
  def result(atMost: Duration)(implicit permit: CanAwait): T
}
```

　実際にAwaitable型の値の終了を同期的にブロックして待つには、以下のように定義されているAwaitオブジェクトのresultメソッドおよびreadyメソッドを利用します。

```
object Await {
  def result[T](awaitable: Awaitable[T], atMost: Duration): T
  def ready[T](awaitable: Awaitable[T], atMost: Duration): awaitable.type
}
```

　resultメソッドは、引数として渡されたAwaitable型の値が完了するのを
待ち、その結果を返します。第2引数であるatMostは時間の長さを表すscala.
concurrent.duration.Duration型の値です。この場合は結果を待つ最大待
ち時間を表し、この時間を過ぎるとTimeoutExceptionが投げられます。無制
限に待ちたい場合は、無限を表すDuration.Infという値を使用できます。

　readyメソッドは、引数として渡されたAwaitable型の値が完了するのを待
ち、完了したらそのAwaitable型の値を返します。result同様、第2引数であ
るatMostは、最大待ち時間を表し、この時間を過ぎるとTimeoutException
が投げられます。

　たとえば以下のように、非同期に計算した値が正しいかテストするために利
用できます。なお、import scala.concurrent.duration._を記述すると、
執筆時点のScala 2.12.7においては、数値型に対してsecondsなどのDuration
型への変換メソッドを追加する暗黙クラスがインポートされます。暗黙クラス
について、詳しくは第2章の「暗黙クラス —— 既存のクラスにメソッドを付け
足す」を参照してください。

```
import scala.concurrent._
import scala.concurrent.duration._
import scala.concurrent.ExecutionContext.Implicits.global

val future: Future[Int] = Future((1 to 10).sum)

assert(Await.result(future, 10 seconds) == 55)
```

　本項では非同期処理の結果をブロックして待つ方法を学びました。しかし、
ブロックして結果を待っている間、そのスレッドはほかの計算ができません。
コンピュータ資源の無駄にもつながりますので、これらはできるだけ使わない
ようにしてください。

　また第7章で解説しますが、メジャーなテストフレームワークにはFutureを
簡便にテストするAPIが別途用意されていますので、まずは使用するテストフ
レームワークのドキュメントを参照することをお勧めします。

第 5 章 並行プログラミング

＊　＊　＊

　本章では並行プログラミングのメリットと難しさ、そしてScala標準ライブ
ラリの**Future**を使って、簡便に非同期処理をする方法について学びました。
　また、**Future**の中身を変更したり、**Future**同士を合成したり、失敗した
Futureを成功させたりといった、**Future**を便利に扱うためのAPIについても
学びました。**Future**の完了を待つAPIについても紹介しましたが、自動テスト
など、どうしてもブロックして待つ必要がある場面でのみ使うようにしてくだ
さい。

178

第6章
Scala プロジェクトの ビルド

　第1章でsbtというScalaのビルドツールを少しだけ紹介したことを覚えているでしょうか？　sbtは、Scalaにおいてデファクトスタンダードとなっているビルドツールであり、Scalaプロジェクト管理のためのさまざまな機能を提供しています。

　本章ではREPLでコードを書くだけの段階から一歩進んで、Scalaのソースコードを含むプロジェクトを新たに作る方、もしくはすでにsbtが導入されているプロジェクトの開発環境をより便利にしたいという方のために、sbtの基本的な知識とその使い方を紹介します。

第6章 | Scalaプロジェクトのビルド

6-1 sbtの役割

　そもそも、sbtがプロジェクトを「ビルドする」とは、どういうことでしょうか？　Javaの経験がある方であれば、MavenやGradle、Antなどを使ったことがあるかもしれません。sbtは、必要なライブラリをクラスパス[注1]に加えたうえで、プロジェクトのソースファイルを適切な設定にもとづいてコンパイルし、目的のバイナリ形式にパッケージします。必要に応じて、そのバイナリをデプロイまで行うこともできます。

　sbtがそれぞれのタスクで何を行うのかを理解することは、sbtの個々の設定項目について理解するうえでも助けとなりますので、まずは主要なタスクの全体像を確認しましょう。

■ コンパイル

　「ビルド」の中で最も重要なプロセスの一つがコンパイルです。Scalaをコンパイルするだけであれば、Scala標準で用意されている**scalac**を使えばよいと思われるかもしれません。しかし、実際に何か意味のあるアプリケーションを開発するときには**scalac**だけではさまざまな面で苦労することになります。

　まず、Scalaはメジャーバージョン間ではソース互換性、バイナリ互換性ともに保証されていません[注2]。たとえば、2.12.x系でコンパイルできるソースコードを、2.11.x系のコンパイラでコンパイルできるとは限りません。また、2.12.x系でコンパイルし生成されたバイナリを、2.11.x系でコンパイルされたほかのバイナリと同時に使うと、予期せぬ実行時例外が発生するおそれがあります。とはいえ、ライブラリ開発者としては2.12.x系と2.11.x系の両方をサポートしたいケースも多くあることでしょう。複数のScalaバージョンを管理したい用途においてsbtはたいへん有用です。

注1)　クラスパス（*classpath*）とは、JVMがクラスやほかのソースファイルを検索するパス（場所）のことです。したがって、「必要なライブラリをクラスパスに追加する」とは、現在のプロジェクトからそのライブラリを利用可能な状態にすることを意味します。

注2)　互換性が保証されているわけではありませんが、「メジャーバージョンを上げる際に、いきなりソースコードの互換性が壊れてコンパイルできなくなる」ということはまずありません。非互換の変更を入れる際にも、あるメジャーバージョンでは非推奨の警告を出すだけにとどめて、次のメジャーバージョンで非互換の変更が入ることがほとんどです。

また、sbtではScalaの差分コンパイルに対応しています。差分コンパイルとは、ソースコードの変更箇所とその影響範囲のみをコンパイルするというものです。そのため、`scalac`だけでコンパイルするときのように、ちょっとしたソースファイルの変更に対し毎回すべてのソースファイルをコンパイルする必要がありません。これによりコンパイル時間を多くの場面で大幅に短縮できます。

■ 依存ライブラリの解決

依存ライブラリの解決も「ビルド」において重要なプロセスです。

モダンなアプリケーション開発では、単一のプロジェクト内のソースコードだけで完結し、ほかのプロジェクトやライブラリにまったく依存しないというケースは極めてまれでしょう。sbtはマルチプロジェクトのビルド定義にも対応しており、複数のプロジェクト間で共通するモジュールを別プロジェクトに切り出したり、依存するプロジェクトとして設定できます。

また、ScalaのライブラリはJavaと同様jar形式でjcenter、Sonatype、Maven Centralなどの公開リポジトリ経由で配布されていることが多いです。sbtはビルド定義にそのグループID、アーティファクトID、バージョンを設定することで、適切にダウンロード、キャッシュをし、クラスパスに追加してくれます。また、設定方法によってはコンパイルするScalaバージョンに応じてバイナリ互換性のあるライブラリを自動的に変えることもできます。

■ そのほかの役割

`src/main`の配下にある開発対象のプロジェクト（メイン）のソースコードやリソースファイルや、`src/test`の配下にあるテストコードやテスト用のリソースファイルのように、スコープの管理されたビルド対象ファイルの管理も重要な役割です。

第6章 | Scala プロジェクトのビルド

6-2 はじめての sbt

ここでは sbt の導入方法について説明します。sbt の公式サイト[注3]でも「始める sbt」というタイトルで最初のチュートリアルについて和訳が提供されています[注4]ので、最新の情報については公式サイトを参考にしてください。

■ sbt のインストール

本書執筆時点の sbt 1.2.1 の時点では、それぞれ以下の方法でインストール可能です。今後変わる可能性がありますので、公式の「始める sbt」に記載されている最新版のインストールガイドを確認することをお勧めします。

macOS をお使いの場合は Homebrew[注5] を使って brew install sbt を実行するだけです。Windows をお使いの場合は公式サイトから msi ファイルをダウンロードしてインストールします。Linux をお使いの場合は、DEB パッケージ、RPM パッケージおよび ebuilds が公式に用意されています。

また、環境変数として SBT_OPTS を設定することで、sbt 起動時に読み込む JVM 起動オプション[注6]を指定できます。たとえば "-XX:+CMSClass Unloading Enabled -XX:MaxMetaspaceSize=512M -XX:MetaspaceSize=256M -Xms2G -Xmx2G" のようなものが指定されます。

■ sbt シェルの利用

sbt コマンドを実行すると、まず以下のような処理が行われます。

・sbt 自身(jar ファイルとしてリリースされている Java プログラム)とその依存
ライブラリをダウンロードしてロードする
・project 配下の設定ファイルで指定された sbt プラグインがあればそれをダウ
ンロードしてきてロードする

注3) http://www.scala-sbt.org/
注4) https://www.scala-sbt.org/1.x/docs/ja/Getting-Started.html
注5) http://brew.sh/
注6) JVM 起動オプションに馴染みのない方は、Oracle の「Java Platform, Standard Edition Tools Reference」を
参照してください。
https://docs.oracle.com/javase/jp/10/tools/java.htm

はじめての sbt | 6-2

・ビルド設定ファイルをScalaソースコードとしてコンパイルする
・必要となるScalaコンパイラや標準ライブラリをダウンロードしてScalaの
　コンパイルを実行可能にする
・libraryDependenciesで指定された依存ライブラリをダウンロードし、コン
　パイル時や実行時にクラスパスに追加できる状態にする

　サブコマンドを指定せずにsbtコマンドを実行した場合、これらの処理のあ
とにsbtのシェルが立ち上がります注7。

```
$ sbt
[info] Loading project definition from /path/to/sample-project/project
[info] Set current project to sample-project (in build file:/path/to/sample-
project/)
[info] sbt server started at 127.0.0.1:4606
sbt:sample-project>
```

　詳しくは本章の後半で解説しますが、sbtシェルではデフォルトでいくつかの
コマンドがサポートされています。この状態でタブ補完も使えますので、試し
にタブキーを押してみましょう。

```
sbt:sample-project>
Display all 316 possibilities? (y or n)
```

　316個のコマンド候補があることがわかります。ここでは第1章でも出てきた
consoleコマンドを使ってみましょう。試しにcとだけ入力して再度タブキー
を押すと、このように候補が絞られます。

注7）sbtを用いた開発ではサブコマンドを指定せず、sbtのシェルを立ち上げたまま開発をすることが多いでしょ
　　　う。詳しくは「sbtシェルのコマンド」の節を参照してください。

183

第6章 | Scala プロジェクトのビルド

```
sbt:sample-project> c
classDirectory                  classpathConfiguration
classpathEntryDefinesClass      classpathTypes
clean                           cleanFiles
cleanKeepFiles                  client
compatibilityWarningOptions     compile
compile:                        compileAnalysisFilename
compileIncSetup                 compileIncremental
compilerCache                   compilers
completions                     configuration
configurationsToRetrieve        conflictManager
conflictWarning                 connectInput
console                         consoleProject
consoleQuick                    copyResources
credentials                     crossPaths
crossSbtVersions                crossTarget
crossVersion
```

cons まで入力すると console のみに絞り込めますので、あとは自動的に補完してくれます。console と入力された状態でエンターキーを押すと REPL が起動します。REPL を終了させたい場合は :q を入力してエンターキーを押すか、Ctrl+dを入力してください。

```
sbt:sample-project> console
[info] Starting scala interpreter...
Welcome to Scala 2.12.7 (Java HotSpot(TM) 64-Bit Server VM, Java 1.8.0_181).
Type in expressions for evaluation. Or try :help.

scala>

scala> val name = "Martin"
name: String = Martin

scala> :q
```

■ Scalaのバージョンの切り替え

今回は sbt 1.2.1 を使っており、その場合デフォルトでは Scala バージョンとして 2.12.6 が指定されています。別バージョンの Scala を試したい場合は、:q でいったん REPL を抜けてバージョンを切り替えることで、簡単に別のバージョンの Scala を試すことができます。

Scala のバージョンを切り替えるためには、set scalaVersion := "Scala

はじめての sbt | **6-2**

バージョン"、もしくは **++ Scala**バージョンというコマンド注8を実行します。
ちなみに、この**++**というのは特にScalaの言語的な背景を踏まえての命名では
なく、sbtがそういうコマンド名にしたというだけなので、そのまま受け入れて
覚えてしまってください。

```
sbt:sample-project> ++ 2.11.12
```

しかしながら、実際の開発プロジェクトで自由自在にScalaのバージョンを
切り替えられるかというと、実はそこまで単純ではありません。後述しますが、
ScalaではScalaのバイナリバージョンを意識する必要があり、**library
Dependencies**に指定したライブラリ群はそれぞれScalaのバイナリバージョン
に対してビルドされているためです。

とはいえ、Scalaバイナリバージョンによる影響をあまり受けないシンプル
なプロジェクトや、Scalaをとりあえず初めてみただけで依存ライブラリを何
も指定していない状態であれば、**++**コマンドだけでScalaのバージョンを自由
に切り替えられます。ここではとりあえず便利なコマンド知識として覚えてお
いてください。

■ sbtのディレクトリ構成

図6-1が典型的なsbtプロジェクトのディレクトリ構成です。

build.sbtはビルド定義ファイルです。プロジェクトのバージョンや使用す
るScalaのバージョン、依存しているライブラリ、デプロイの設定などをここ
に書くことになります。また、自作のタスクをビルドのプロセスに挿入したり、
上述のsbtプロジェクトのディレクトリ構成を変更する設定などを加えること
もできます。これについては次節で詳しく解説します。

projectディレクトリには、ビルドにまつわるそのほかの定義を配置します。

build.propertiesには、そのプロジェクトで使用したいsbtのバージョンを
sbt.version=1.2.1といった形で記述します。もしここで記述したバージョン
のsbtがローカルにインストールされていない場合、sbt自身が適切なバージョ

注8) もしこのような記号的なAPIのソースコードを追いかけたいと思ったら、GitHubで公開されているsbtの
ソースコードを**git clone**してきて**grep**して追っていくとよいでしょう。たとえば、この**++**の場合、1.2.1
時点では**main/src/main/scala/sbt/internal/CommandStrings.scala**に定義されている**val
SwitchCommand = "++**を見つけられればそこから追っていけるはずです。

185

ンのsbtをダウンロードし、インストールします。sbtのバージョンによって対応しているビルド定義ファイルやJavaのバージョンが異なることがあることに注意してください。

`plugins.sbt`にはsbtのプラグインの設定を記述します。プラグインについて詳しくは後述しますが、sbtのビルド機能の拡張を再利用可能な形で配布したものです。

`src`ディレクトリにはソースファイルを配置します。`src/main`にはメインに含まれるファイルを配置し、その下の`scala`ディレクトリにはScalaのソースファイルを配置します[注9]。また、`resources`ディレクトリにはリソースファイルを配置します。

図6-1：典型的なsbtプロジェクトのディレクトリ構成

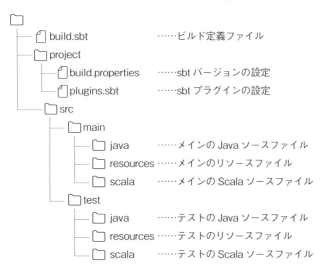

注9) 上記の例にはありませんでしたが、同様にJavaのソースファイルは`java`ディレクトリに配置します。

build.sbtの書き方 | 6-3

6-3 build.sbtの書き方

ビルド定義ファイルである**build.sbt**の書き方は2通りあります。

1つ目は「マルチプロジェクト .sbtビルド定義ファイル」と呼ばれるもので、その名のとおり1つのビルド定義ファイルで(何かしらの関係のある)複数のプロジェクトのビルドに対応します。特に理由がない限り、この書き方を採用してください。 以下がそのようなビルド定義ファイルの例です。

```
lazy val root = (project in file(".")).settings(
    name := "MyFirstProject",
    organization := "com.github",
    version := "0.1.0-SNAPSHOT",
    scalaVersion := "2.12.7",
    scalacOptions ++= Seq("-deprecation","-feature","-
language:implicitConversions"),
    libraryDependencies +=  "org.scalaj" %% "scalaj-http" % "2.3.0"
  )
```

トップレベルにプロジェクトを表す変数(この場合は**root**)を宣言し、**settings**関数の引数に個々の設定を渡します。個々の設定は、キーと値のペアで表されます。上記の例では、プロジェクトのバージョンを示す**version**というキー(正確には、**SettingKey[String]**型の値)に**"0.1"**という文字列の値が紐づいており、このペアでひとつの設定項目を表現します。キーには、静的な設定項目を表す**SettingKey**型のほかに、呼び出されるたびに評価される**TaskKey**型と、呼び出される際に引数をとる**InputKey**型があります。

もうひとつの書き方は、「bare .sbtビルド定義ファイル」と呼ばれるものです。こちらは古いバージョンのsbtを使用しているsbtプロジェクトでしばしば見られるもので、単一のプロジェクトのビルドしか行うことができません。書き方としては、個々の設定をトップレベルに直接書きます。

これ以降は、「マルチプロジェクト.sbtビルド定義ファイル」を例にとって、各キーの詳細について説明していきます。

■ name —— プロジェクト名を指定する

プロジェクト名を記述します。

187

第6章 | Scalaプロジェクトのビルド

もしあなたのプロジェクトをライブラリとして公開する場合、このキーに設定した値がアーティファクトIDとして使われます。アーティファクトIDはそのライブラリの名称で、次に解説するグループIDと組み合わせて、ライブラリを一意に特定するために使用されます。

■ organization ── プロジェクトの所属する組織名を指定する

このプロジェクトの所属する組織名を記述します。

もしあなたのプロジェクトをライブラリとして公開する場合、このキーに設定した値がグループIDとして使われます。グループIDとは、そのライブラリの含まれるプロジェクト名をリモートリポジトリ（さまざまなライブラリの置き場所）内でユニークに保つための識別子です。ライブラリのパッケージ名同様、作者ないしは作者の所属するグループが所有するドメイン名が使われることが多いでしょう。

■ scalaVersionとcrossScalaVersions ── 使用するScalaのバージョンを指定する

scalaVersionとcrossScalaVersionsはいずれもプロジェクトで使用するScalaのバージョンを記述するためのキーです。

通常のアプリケーションなどの場合は、ここまでと同様SettingKey[String]型のscalaVersionにScalaバージョンをStringで渡します。

```
scalaVersion := "2.12.7"
```

ただし、ライブラリプロジェクトの場合など複数のScalaバージョンに対してビルドしたい場合は、SettingKey[Seq[String]]型のcrossScalaVersionsにScalaバージョンのSeqを渡します。

```
crossScalaVersions := Seq("2.10.7", "2.11.12", "2.12.7")
```

プロジェクトで使用するScalaのバージョンが使われるのは、主に次の3箇所です。

一つは、プロジェクトのクラスパスに追加されるscala-library.jarのバージョンの選択です。ScalaはバージョンごとにAPIが異なる場合がありえます。

もう一つは、Scalaソースコードのコンパイルに使用される`scala-compiler.jar`のバージョンの選択です。Scalaのバージョンによりコンパイラの挙動が変わることがありえます。

最後は、後述する`libraryDependencies`で次のように`%%`を使ってバージョンを指定した場合に、どのScalaバージョンに対してコンパイルしたバイナリを使用するかの選択です。

```
libraryDependencies += "org.scalaj" %% "scalaj-http" % "2.3.0"
```

なぜ「どのScalaバージョンに対してコンパイルしたバイナリを使用するか」が重要なのでしょうか? なぜなら、Scalaは異なるメジャーバージョン間ではバイナリ互換性を維持していないからです。

バージョン間のバイナリ互換性とは、異なるバージョンに対してコンパイルしたバイナリどうしの互換性のことです。具体的に言えば、Scala 2.11.x系のコンパイラでコンパイルしたバイナリを、Scala 2.12.x系を使用したプロジェクトのクラスパスに追加して正常に動くかどうかの互換性のことです。Scalaはメジャーバージョン間ではバイナリ互換性が保証されていないため、あなたのプロジェクトの`scalaVersion`が2.12.x系ならば、依存しているScalaライブラリも2.12.x系でコンパイルされたバイナリを使用する必要があります。

■ scalacOptions —— scalacに渡すオプションを指定する

Scalaコンパイラである`scalac`にオプションを渡す際に使用します。

以下では頻繁に使われる`scalac`オプションを紹介します[注10]。なお、警告の詳細を表示するオプションをいくつか紹介しますが、それらは`compile`等のコマンドでコンパイルした際に有用なものであり、REPL上でコンパイルした際にはこれらのオプションをつけずとも警告の詳細が表示されますのでご注意ください。

-deprecation

非推奨APIを使用した際に、通常であれば以下のように簡易的な警告が表示

注10) そのほかの`scalac`で使えるオプションについては、公式サイトの「Scala Compiler Options」のページを参照してください。
https://docs.scala-lang.org/overviews/compiler-options/index.html

第6章 | Scalaプロジェクトのビルド

されます。

```
[warn] there was one deprecation warning (since 2.12.0); re-run with
-deprecation for details
```

このscalacオプションを有効にすると、以下のように警告の詳細が出力さ
れます。

```
[warn] /path/to/sample-project/src/main/scala/Sample.scala:6:7: object
JavaConversions in package collection is deprecated (since 2.12.0): use
JavaConverters
[warn]    List(1).get(0)
[warn]        ^
```

-feature

Scalaの一部の言語機能は、意図せず使われることで落とし穴になりうるこ
とから、明示的にユーザがその機能を使うことを宣言[注11]しない限り以下のよう
に表示される機能警告が存在します。

```
[warn] there was one feature warning; re-run with -feature for details
```

このscalacオプションを有効にすることで、以下のように警告の詳細が表
示されるようになります。

```
[warn] /path/to/sample-project/src/main/scala/Sample.scala:5:16: implicit
conversion method str2User should be enabled
[warn] by making the implicit value scala.language.implicitConversions
visible.
[warn] This can be achieved by adding the import clause 'import scala.
language.implicitConversions'
[warn] or by setting the compiler option -language:implicitConversions.
[warn] See the Scaladoc for value scala.language.implicitConversions for a
discussion
[warn] why the feature should be explicitly enabled.
[warn]    implicit def str2User(name:String) = User(name)
[warn]        ^
```

-language:implicitConversions

-featureの項目で紹介した機能警告のひとつです。

注11）宣言の方法については、次の-language:implicitConversionsについての解説を参照してください。

build.sbtの書き方 | **6-3**

通常であれば、暗黙の型変換を定義する際に`import scala.language.implicitConversions`をしないと警告が表示されます。この`scalac`オプションを有効にすると、その警告が表示されなくなります[注12]。

-Ywarn-unused:imports

使われていない`import`文がある場合に、警告が表示されるようになります。不要なコードを減らすために有用な`scalac`オプションですが、REPL上での使用は推奨しません。というのも、この`scalac`オプションを有効にした状態でREPLを起動し、以下のように`import`文を定義すると、その`import`文を使うまで行ごとに警告が表示されてしまうからです。

```
$ scala -Ywarn-unused:imports
Welcome to Scala 2.12.7 (Java HotSpot(TM) 64-Bit Server VM, Java 1.8.0_181).
Type in expressions for evaluation. Or try :help.

scala> import scala.concurrent.Future
<console>:14: warning: Unused import
       import scala.concurrent.Future
                               ^
import scala.concurrent.Future

scala> val a = 1
<console>:12: warning: Unused import
       import scala.concurrent.Future
                               ^
a: Int = 1
```

後述の「ビルドのスコープ」の節で`-Ywarn-unused:imports`をsbtのビルド定義ファイルの`scalacOptions`に含める場合のお勧めの書き方について解説します。

-Ywarn-value-discard

Scalaには、`Unit`型が要求される場所では式の評価値を捨てるという言語機能があります。この言語機能は`Unit`型を返す副作用を持つ関数を定義する際に便利な側面もありますが、意図せず値が捨てられてしまう危険性もあります。

注12) この機能警告は、暗黙の型変換が定義されていることを明示することでコードを読みやすくしたり、多用されることによる設計上の悪影響を防ぐことが目的です。`-language:implicitConversions`は、暗黙の型変換の定義箇所が多いときのために用意されています。この`scalacOptions`を使用するときは、`import scala.language.implicitConversions`を併用しないようにしましょう。

第6章 | Scalaプロジェクトのビルド

このscalacオプションを有効にすると、この機能で式の評価値が捨てられたときに警告が表示されるようになります。

具体的には、-Ywarn-value-discardを有効にすると、以下のソースコードをコンパイルする際に警告が表示されるようになります。なぜなら、ListBuffer型の+=メソッドがListBuffer型の値を返すからです。

```
def add(element:String, list:ListBuffer[String]):Unit = list += element
```

■ libraryDependencies ── 依存するライブラリを指定する

開発において、ライブラリの使用は欠かせません。libraryDependenciesでそれら依存したいライブラリを指定します。以下は、scalaj-http注13というライブラリをプロジェクトの依存に加えたいときの例です。

```
libraryDependencies += "org.scalaj" % "scalaj-http_2.12" % "2.3.0"
```

libraryDependenciesはSettingKey[Seq[ModuleID]]型の値です。上記の式は「libraryDependenciesにorg.scalajというグループIDに属する、scalaj-http_2.12というアーティファクトIDを持つライブラリの、バージョン2.3.0をビルドの際のクラスパスに加える」という意味になります。原則として、使用したいライブラリを指定するためには、グループIDとアーティファクトID、バージョンのすべての情報が必要です。この3つがあってはじめて、目的のライブラリのjar（ライブラリのパッケージ）が一意に定まります。

さて、先のscalaj-httpを依存に加えるときの例に戻りましょう。アーティファクトIDのscalaj-http_2.12という書き方が奇妙に思えるかもしれません。実は、この文字列の接尾辞_2.12は「Scala 2.12系に対してコンパイルされたscalaj-http」という意味になります。

Scalaは先にも述べたとおりメジャーバージョン間でのバイナリ互換性を維持していません。このため、Scala 2.11系を使用しているプロジェクトでは、使用するライブラリも2.12系に対してコンパイルされたものを使う必要があります。

sbtは、プロジェクトの使用しているScalaバージョンに応じて適切な接尾辞

注13) https://github.com/scalaj/scalaj-http

を使用するためのDSLである%%を用意しています。

%%を使用すると、_2.12を明示せずともsbtが自動的に付与してくれます。Scalaで書かれたライブラリを使う場合は%%を使い、Scalaバージョンを明示しないことがほとんどでしょう。

```
libraryDependencies += "org.scalaj" %% "scalaj-http" % "2.3.0"
```

なお、Javaで書かれたライブラリはバイナリのバージョン指定が不要ですので、%%を使う必要も、_2.12のような接尾辞を使う必要もありません。

また、テストフレームワークなどのテストでしか使わないライブラリは、% Testないしは% "test"を続けて書くことで、メインのクラスパスには追加せず、テストのクラスパスにのみ追加することができます。たとえば、ScalaTestのようなテストフレームワークを追加したい場合は以下のように記述できます。

```
libraryDependencies += "org.scalatest" %% "scalatest" % "3.0.0" % Test
```

libディレクトリ以下へのunmanagedなライブラリの配置

以上は何らかのリポジトリに公開してあるライブラリを追加していましたが、業務ではときにリポジトリに公開されていないライブラリを使用する場合があります。たとえば、他社から有料でライセンス供与されてjarファイルをもらうケースなどです。

そういった場合は、libディレクトリに置いておくことでsbtプロジェクトのクラスパスに追加されます。

ただし、「unmanaged(管理されない)」のとおり、libraryDependenciesに定義した「managed」なライブラリと違い依存関係が自動的に解決されないというデメリットがあります。そのため、もし追加したjarがさらにほかのライブラリに依存している場合には、それらのライブラリを明示的にlibraryDependenciesに追記するか、ないしはそれらのjarも手動でlibディレクトリ以下に追加しなければいけません。

つまり、可能であればライブラリの追加はできるだけ「managed」にする（libraryDependenciesに追記する）ほうが取り回しがよいと言えるでしょう。

第6章 | Scalaプロジェクトのビルド

Column
ライブラリの探し方

　本文でライブラリの追加について解説しましたが、では、どんなライブラリがあるか、そしてそのライブラリを使用するにはアーティファクトIDなどに何を指定したらよいのかは、どうやって探せばよいのでしょうか？ 最初に考えられるのは、職場などで人から聞くという方法です。しかし身近に自分が今直面している問題を経験した人が、身近にいないケースも少なくないでしょう。このコラムでは自力で探す方法について紹介します。

　まず、もし使いたいライブラリのライブラリ名がわかっている場合は、とても簡単です。Maven Central Repository[注1]で検索して見つけられます。その場合、APIドキュメントはそのライブラリのWebサイトか、もしオープンソースプロジェクトであればGitHubなどのホスティングサービスから見つけられることでしょう。

　もしライブラリ名などがわかっていない場合は、GitHubやGoogleなどでキーワード検索して見つけるケースが多いかもしれません。また、日ごろからオープンソースプロジェクトのソースコードを読むようにしたり、TwitterやGitterなどで技術的な話をしている人やチャンネルを追っておくなど、日ごろから情報収集しておくと、いざ必要になったときに役立つことも多いでしょう。

注1）http://search.maven.org/

sbtシェルのコマンド | 6-4

6-4 sbtシェルのコマンド

sbtを使ったScalaプロジェクトの開発では、どんなエディタやIDEを使用する場合であっても、常にsbtの対話型シェルを立ち上げた状態で行います。なぜなら、sbtには開発を助けてくれる便利なsbtコマンド[注14]が用意されており、またsbtの対話型シェルの起動に時間がかかるため、都度立ち上げるよりも立ち上げたままのほうが効率がよいからです。

また、本節で解説しているとおり、sbtの対話型シェルにはソースファイルの変更を監視するコマンドが用意されています。たとえば~compileや~testQuickといったコマンドを実行しておくと、ソースファイルを更新したタイミングでコンパイルやテストが自動的に実行されるため、コンパイルエラーやテストエラーを修正しながら開発するうえでたいへん便利なものになっています。

本節では、よく使うコマンドを説明していきます。

■ console —— REPLを立ち上げる

現在のsbtプロジェクトのライブラリ依存性およびソースをクラスパスに加えたScalaのREPLを立ち上げます。

```
sbt:sample-project> console
[info] Starting scala interpreter...
Welcome to Scala 2.12.7 (Java HotSpot(TM) 64-Bit Server VM, Java 1.8.0_181).
Type in expressions for evaluation. Or try :help.

scala>
```

■ reload —— ビルド定義を再読み込みする

sbtのビルド定義を再読み込みします。sbtのシェル立ち上げ中にbuild.sbtを更新した場合は、reloadしない限り反映されませんので注意してください。

注14) 本書では、「sbtコマンド」を対話型シェルで入力できるものすべてを指す言葉として使用しています。

195

```
sbt:sample-project> reload
[info] Loading project definition from /path/to/sample-project/project
[info] Loading settings from build.sbt ...
[info] Set current project to sbt1sample (in build file:/path/to/sample-
project/)
```

■ run ── mainクラスを実行する

sbtプロジェクト内のmainクラスを実行します。

mainクラスというのは、Scalaにおいてはdef main(args:Array[String]):
Unitというシグネチャの関数を持つオブジェクトのことです。Scalaの場合、
明示的にmain関数を定義せずにAppトレイトを継承してもかまいません。この
main関数、ないしはAppトレイトを継承したクラスの本体が、外部からアプリ
ケーションを実行するエントリポイントとなります。

また、runコマンドには続けて空白区切りの引数を渡すことができます。こ
のrunコマンドの引数がmain関数に引数として渡されます。

mainクラスが1つだけの場合はそのクラスが実行されますが、2つ以上ある
場合はさらに「どのmainクラスを実行するか」を選ぶことになります。特定の
mainクラスを実行したい場合は、runMain mainクラスのフル修飾名 引数1 引
数2……で実行できます。

```
sbt:sample-project> run
[info] Compiling 1 Scala source to /path/to/sample-project/target/
scala-2.12/classes ...
[info] Done compiling.
[info] Packaging /path/to/sample-project/target/scala-2.12/sample-
project_2.12-0.1.0-SNAPSHOT.jar ...
[info] Done packaging.
[info] Running Main
Hello,sbt!
[success] Total time: 1 s, completed 2018/09/09 20:51:27
```

■ compile ── コンパイルする

sbtプロジェクトのメインのソースファイルをコンパイルし、デフォルトでは
targetディレクトリ内にクラスファイルを生成します。

sbtプロジェクトのディレクトリ構成にのっとった場合、src/main/scalaと

src/main/javaにあるソースファイルをコンパイルします。次に解説する~と
組み合わせて、おそらく開発中最もよく使うコマンドになるでしょう。

```
sbt:sample-project> compile
[info] Updating ...
[info] Done updating.
[info] Compiling 1 Scala source to /path/to/sample-project/target/
scala-2.12/classes ...
[info] Done compiling.
[success] Total time: 1 s, completed 2018/09/09 20:53:00
```

■ ~──ソースファイルを監視する接頭辞

　ソースファイルの変更を監視し、~に続けたコマンドを自動実行するための
接頭辞です。開発中常にsbtのシェルを立ち上げておき、先述のcompileコマ
ンドと組み合わせて~compileコマンドを実行しておくことが多いでしょう。

　たとえば~compileを実行すると、まず一度compileを実行し、その成否に
かかわらずソースファイル変更を監視している状態となります。この状態でソー
スファイルが変更されると、compileが実行され、またソース変更の監視状態
に戻ります。

```
sbt:sample-project> ~compile
[info] Updating ...
[info] Done updating.
[info] Compiling 1 Scala source to /path/to/sample-project/target/
scala-2.12/classes ...
[info] Done compiling.
[success] Total time: 1 s, completed 2018/09/09 20:54:04
1. Waiting for source changes... (press enter to interrupt)
```

　監視している状態でエンターキーを入力することで、対話型シェルのsbtコ
マンドの入力状態に戻ります。

　このコマンドのおかげで、「シェル上で~compileを実行したまま、好きなエ
ディタやIDEを立ち上げてソースファイルを変更する」という開発スタイルが
快適なものとなっています。もちろん、テストコードを書いたあとであれば、
~compileの代わりに、次に解説する~testQuickを使うことも増えるでしょ
う。

　逆に言えばコンパイルのたびにsbtシェルを起動するのは、非常に時間がか

第6章 | Scalaプロジェクトのビルド

かり、開発のテンポが悪くなりますのでお勧めできません。

■ test/testOnly/testQuick ── テストする

これらのコマンドはすべて、テストを実行するためのコマンドです。

testは、プロジェクトに含まれるすべてのテストを実行します。

一方、testOnlyは次のように引数に渡したテストのみを実行します。空白で区切ったり、ワイルドカードを使用することで複数のテストを実行することもできます。

```
sbt:sample-project> testOnly com.example.MyTest1 com.example.module.*
```

testQuickは以下のいずれかを満たすテストのみを実行します。これらのテストに加え、testOnlyのように特定のパッケージに含まれるなど、フィルタリングをすることもできます。

・前回のテスト実行で失敗したテスト
・前回のテスト時に実行されなかったテスト
・1つ以上のtransitiveな依存を持ち、リコンパイルされたテスト

テストを実行し、失敗したテストに対する修正を確認するときなどにtestQuickを実行すると、テスト時間が短くなり効率的です。

■ help ── コマンドの説明を表示する

helpは各sbtコマンドの簡単な説明を表示するためのコマンドです

たとえば、compileコマンドについて調べたいときは以下のように使用します。

```
sbt:sample-project> help compile
Compiles sources.
```

sbtシェルのコマンド | **6-4**

Column

sbtのキーとコマンド

本章で紹介してきたビルド設定項目やsbtシェルのコマンドは、一部の例外を除き「sbtのキー」[注1]です。たとえばscalaVersionはSettingKey[String]型の値、compileはTaskKey[Unit]型の値、runはInputKey[Unit]型の値で、型名どおりいずれもsbtのキーとなっています。

sbtのキーはすべてsbtシェルのコマンドとしても使えるため、たとえばscalaVersionをsbtのコマンドとして使うことも可能です。

```
sbt:sample-project> scalaVersion
[info] 2.12.7
```

「sbtのキーがすべてコマンドである」というのは具体的どういうことでしょうか?

実はsbtシェルのコマンドの実行は、そのキーの値を評価しその値を返すということなのです。つまり、先ほどのようにscalaVersionというsbtコマンドの実行は、scalaVersionというSettingKey[String]型の値を出力することに相当します。

compileはTaskKey[Unit]型の値ですので、compileというsbtコマンドの実行は、Unit型の値を返す式を毎回評価することに相当します。コンパイルによるクラスファイル群生成とそれに伴うログ出力は、そのcompileというTaskKeyに紐づいている式の副作用です。

では、キーの型にはどのような違いがあるのでしょうか?

SettingKey型の値は、sbtのビルド定義ファイルの読み込み時に静的に評価され、次にreloadするまで更新されません。TaskKey型の値は、コマンドを呼ばれるたびに評価されます。InputKey型の値もコマンドを呼ばれるたびに評価されますが、コマンドライン引数をとる点がTaskKeyと異なります。

注1) inspectコマンドの引数に渡せるのはsbtのキーのみなので、これでキーかどうか見分けることができます。

第6章 | Scalaプロジェクトのビルド

6-5 ビルドのスコープ

単一のsbtプロジェクトでも、ときに設定を切り替えてビルドをしたいケースがあります。たとえば、テストにしか使わないソースファイルはプロジェクトのメインのソースファイルから分けて管理したいと思うことは多いでしょう。

そこで役立つのが、ビルドの「スコープ」です。sbtプロジェクトにおけるスコープとは、ビルドの文脈を指します。この「文脈」には、次の3種類の軸があります。

・**プロジェクト軸**
大きなプロジェクト内の各モジュール(サブプロジェクト)ごとにビルド定義を変えたい
・**コンフィギュレーション軸**
プロジェクトのプロダクションのコードと、テストのコードでビルド定義の一部を変えたい
・**タスク軸**
各タスクごとにビルド定義を変えたい

sbtでは、個々の設定項目に相当する各キーごとにスコープを設定できます。すべてのキーは、各スコープごとに異なる値を持つ可能性がありますが、スコープ付きのキーは単一の値を持つということに気を付けてください。

■ スコープの指定方法

では、スコープ付きのキーに紐づく値をどのように定義して、またどのように対話型シェルで参照できるのでしょうか?

sbt 1.1.0以上では、ビルド定義ファイルも、対話型シェルも、どちらも/区切りでスコープ付きのキーを表現できるようになりました[注15]。

注15) sbt 1.0.x以下では、ビルド定義ファイルでは inを使用し、対話型シェルでは {ビルド-uri}プロジェクト名/コンフィギュレーション:タスクキー::キーという形で記述します。

200

```
Test / name := "My First Project Test"
```

```
sbt:sample-project > Test/name
```

■ 複数の軸にスコープ付けする

ここでは、複数の軸にスコープ付けする例として、コンフィギュレーション軸とタスク軸を組み合わせて設定をする方法について解説します。

コンフィギュレーション軸は、スコープ付けすることでメインとテストで設定内容を分けることができます。メインのビルド（`src/main/scala`のビルド）にスコープ付けしたい場合は`Compile`を、テストのビルド（`src/test/scala`のビルド）にスコープ付けしたい場合は`Test`をそれぞれ使用します[注16]。

タスク軸は、スコープ付けすることで特定のタスクを実行する際に使用される設定のみを変更できます。クラスパスを追加したうえでScalaのREPLを立ち上げる`console`コマンドは`TaskKey`でもありますので、タスク軸のスコープ付けに使用できます。

複数の軸のスコープを、あるキーに対して設定することも可能です。コンフィギュレーション軸とタスク軸を組み合わせると、`scalacOptions`の項で解説した`-Ywarn-unused:imports`フラグを、メインの`console`コマンドを実行する際のみ`scalacOptions`から除外できるようになります。

```
scalacOptions ++= Seq("-deprecation", "-feature", "-language:implicitConvers
ions", "-Ywarn-unused:imports")
Compile / console / scalacOptions -= "-Ywarn-unused:imports"
```

6-6 sbtプラグイン

sbtプラグインは、プロジェクトのビルド定義を拡張するための機構です。

sbtプラグインを使えば、実行可能なjar形式でビルドするためのsbtコマン

注16）`libraryDependencies`の項で、`% Test`を使ってテストのクラスパスにのみライブラリ依存性を追加したことを覚えているでしょうか。ライブラリ依存性に関しては、メインとテストでそれぞれ設定を変えたい場合は`%`のDSLを使って設定します。

第6章 | Scalaプロジェクトのビルド

ドを追加したり、依存ライブラリに新しいバージョンが出ていることを通知し
たり、ソースコードを自動でフォーマットしたりできるようになります。

■ sbtプラグインの追加

sbtプラグインをライブラリに追加するには、`project/plugins.sbt`に記述
します。

たとえば執筆時点で最も使われているsbtプラグインとして、**sbt-assembly**
という`scala-library.jar`を含めたすべての依存ライブラリを`jar`に含める
`assembly`コマンドを追加するプラグインがあります。このプラグインをあな
たのプロジェクトに追加するには、`project/plugins.sbt`に以下のとおり追
記します。

```
addSbtPlugin("com.eed3si9n" % "sbt-assembly" % "0.14.6")
```

これにより、目的の`jar`を作るための`assembly`コマンドがあなたのプロジェ
クトに追加されます。実際に使ってみましょう。

```
sbt:sample-project> assembly
[info] Including: scala-library.jar
[info] Checking every *.class/*.jar file's SHA-1.
[info] Merging files...
[warn] Merging 'META-INF/MANIFEST.MF' with strategy 'discard'
[warn] Strategy 'discard' was applied to a file
[info] SHA-1: c6468970fa629dcd36803a9a7158b329d0a0525c
[info] Packaging /path/to/sample-project/target/scala-2.12/sample-project-
assembly-0.1.0-SNAPSHOT.jar ...
[info] Done packaging.
[success] Total time: 2 s, completed 2018/09/09 22:37:23
sbt:sbt1sample>
```

`target/scala-2.12/sample-project-assembly-0.1.0-SNAPSHOT.jar`
に`jar`が生成された旨表示がされたことにお気付きでしょう。執筆時点の最新版
0.14.6では、デフォルトで**target/Scala**のバージョン**/プロジェクト名
-assembly-バージョン名.jar**というパスに`jar`が生成されます。

■ グローバルプラグイン

sbtプラグインには、特にプロジェクトの区別なく有用なものがあります。そ

202

れらを毎回**project/plugins.sbt**に記述するのは、アップデートのことなど考えると手間です。そういった場合、sbtのグローバルプラグインの定義ファイルを活用するとよいでしょう。

~/.sbt/1.0/plugins/に**plugins.sbt**ファイルを含めることで、すべてのプロジェクトにまとめてインストールできます。

6-7 sbtのトラブルシューティング

最後に、sbtを使っていく中で遭遇しがちな問題について簡単に触れておきます。

■ 設定が反映されない

sbtの設定ファイル(**build.sbt**や**plugins.sbt**など)をいじったけれど、sbtの対話型シェルやIDEに設定が反映されないことがあると思います。その原因は、多くの場合**reload**や更新のし忘れです。

sbtの対話型シェルの場合は、**reload**コマンドを実行しましょう。これによりすべてのsbt設定ファイルが再読み込みされ、反映されます。

IDEの場合は、sbtの設定の更新(**refresh**)を実行しましょう。IDEによって呼び名は若干変わる可能性がありますが、必要な作業は基本的に一緒です。

■ ビルド中に**OutOfMemoryError**が起きる

sbtのプロセスに割り当てるメモリ量が足りない可能性があります。

sbtの場合、環境変数**SBT_OPTS**に以下のように割り当てメモリを設定するか、プロジェクトのルートディレクトリに**.sbtopts**ファイルを置くことで、割り当てるメモリ量を変更できます。

```
"-XX:+CMSClassUnloadingEnabled -XX:MaxMetaspaceSize=512M
-XX:MetaspaceSize=256M -Xms2G -Xmx2G"
```

第6章 | Scalaプロジェクトのビルド

■ ……という設定がしたい

まずは、「sbt.Keys」[注17]に定義済みのキーの中に該当するものがないか調べてみ
ましょう。

sbt.Keysは、おそらくsbtのソースコードの中で最もよく見るソースファイル
でしょう。ここにユーザが利用可能なsbtの定義済みのキーのほとんどが記載
されています。

また、既存のsbtプラグインに目的の設定を追加するものがあるかもしれま
せん。公式の「sbt Community Plugins」[注18]のページにsbtプラグインの一覧がま
とまっていますので、そこから目的に適うものがないか調べましょう。

＊　＊　＊

本章ではsbtがScalaプロジェクトの開発において使われるビルドツールのデ
ファクトスタンダードであることを学びました。また、sbtの設定方法、各種コ
マンド、実際の開発での使い方、ならびにプラグインによる拡張の概要につい
て学びました。

sbtを使いこなすことはScalaプロジェクトの開発効率を上げることにつなが
ります。本章だけではなく、ぜひ公式ドキュメントにも目を通してみてくださ
い。

注17) https://github.com/sbt/sbt/blob/1.2.x/main/src/main/scala/sbt/Keys.scala
注18) https://www.scala-sbt.org/1.x/docs/Community-Plugins.html

第7章

ユニットテスト

　近年、テストを書くのが当たり前という認識が広まりつつあります。高品質なプログラムを高速で開発し、安心安全に改良を加えていくためにはテストが必須といっても過言ではなく、Scalaにおいても例外ではありません。

　ご存じのとおり、ソフトウェアのテストにおいてクラスやメソッド単位で仕様どおり動作しているかをテストすることを一般に「ユニットテスト」と呼びますが、Scalaではどのように書き、そして実行するのでしょうか?

　本章では、Scalaにおいてよく使われるテストフレームワークやライブラリのサンプルコードを例に、基本的なテストの書き方を紹介していきます。

第7章 ユニットテスト

7-1 テストの重要性

そもそも、なぜテストを書く必要があるのでしょうか?

実装されたプログラムがあらかじめ取り決められた仕様どおりに動作しているか否かは、実際にプログラムを動かして検証する必要があります。これを手動で行うとたいへんな労力を要しますが、近年のソフトウェア開発において、このような検証作業を実行可能なプログラムとして記述し、効率化だけでなく、正確に繰り返すことを可能とするプラクティスが広く普及してきました。また、プログラムに変更を加えるたびにテストを継続的に実行することを自動化する取り組み(継続的インテグレーション)も多くの開発現場で普及し、既存のコードに対して機能追加やリファクタリングを行う際の心理的な負担の軽減や、プログラムの変更によるバグのいち早い検出につながり、ソフトウェアの品質向上や維持に欠かせないものとなっています。

つまりは、こうした品質向上に対する取り組みを継続的に行うためにも、まずはテストを書きましょうというわけです。

7-2 Scalaにおけるユニットテスト

Scalaは静的型付き言語であり、強力な型システムを持つ言語です。たとえばString型と宣言(推論)された変数にInt型の値を代入することは許されませんし、メソッド名を書き間違えたり、異なる型の引数を渡してしまった場合でもコンパイルエラーになります。これにより、妥当でないプログラムがコンパイル時に検出されます。

一方で、前述のような不具合はScalaの型システムによって検知されますが、あらかじめ取り決められた仕様どおりに動作しているか否かについては、多くの場合、プログラムをコンパイルするだけでは不十分であり、ほかのプログラミング言語と同様に、テストフレームワークを用いて実際にプログラムを実行し、期待どおりの動作をしているかを検証する必要があります。

206

7-3 Scalaで使えるテストフレームワーク

Scalaの標準ライブラリにはテストフレームワークは含まれていないので、外部で提供されているものの中から選択する必要があります。Scala誕生から10年以上経過しさまざまなテストフレームワークが開発されていますが、ここではその中から広く使われている安定した実績のあるものを紹介します。

■ ScalaTest

ScalaTest[注1]はBill Venners氏を中心に2007年後半から開発されているScalaにおけるxUnit系のテストフレームワークで、執筆時点での最新安定バージョンは3.0.5です。公式ドキュメントも充実しており、多くのプロジェクトやライブラリで採用されています。

xUnitスタイルである**test**、**assert**だけでなく、振舞駆動開発（BDD、*Behavior Driven Development*）スタイルなどさまざまなテストスタイルが提供されています。本章ではこのScalaTestをメインにScalaのテストの書き方を紹介していきます。

■ specs2

specs2[注2]はEric Torreborre氏によって開発されたBDDスタイルでテストを記述できるテストフレームワークです。執筆時点での最新安定バージョンは4.2.0で、前身のspecsを含めると2007年ごろから開発されており、Play Frameworkで採用されるなど、ScalaTest同様に実績と人気のあるテストフレームワークです。

■ ScalaCheck

ScalaCheck[注3]はRickard Nilsson氏によって開発されたScalaでプロパティ

注1) http://www.scalatest.org
注2) https://etorreborre.github.io/specs2
注3) https://www.scalacheck.org

第7章 ユニットテスト

ベーステストを行うためのライブラリ注4です。HaskellのQuickCheckをベース
に開発されて2007年にバージョン0.1がリリースされ、最新安定バージョンは
執筆時点で1.14.0です。

プロパティベーステストの立ち位置から、関数型プログラミングのライブラ
リで使われていることが多いですが、ScalaコンパイラやAkka、Play Framework
の一部テストでも使われるなど、実績とその汎用性が伺えます。単体のテスト
フレームワークとして使用することもできますが、おそらくScalaTestやspecs2
と組み合わせて使うことが多いでしょう。

7-4 ScalaTestを使ったはじめてのテスト

ここからは、sbtを使用したプロジェクトにおいて、テストフレームワークを
用いたテストを書くための基本的な導入方法や実行方法をScalaTestを例に紹
介します。

ScalaTest以外でも基本的には同様の手順となりますが、詳細については各
ライブラリの公式ドキュメントを参照してください。

■ ScalaTestの導入

テストフレームワークも基本的にはjarファイルでライブラリとして配布され
ており、使用したいテストフレームワークの依存を追加する必要があります。
`build.sbt`ファイルに以下の行を追加してください。

```
libraryDependencies += "org.scalatest" %% "scalatest" % "3.0.5" % Test
```

メインのビルド時には不要なjarなので、スコープは`% "test"`または`% Test`
としておきましょう。また、本書の執筆時点でのScalaTestの最新安定バージョ
ンは3.0.5ですが、公式ページなどを参照し最新バージョンを確認してくださ
い。

注4) プロパティーベーステストライブラリのほかの選択肢としてはscalapropsがあります。
https://github.com/scalaprops/scalaprops

■ テストコードのファイル名とディレクトリ構成

前章のsbtのディレクトリ構成でも触れましたが、テストで使用するコードやリソースファイルは**src/test**ディレクトリ以下に配置し、基本的にはメイン側のクラスに一対一の関係で書いていきます。テスト側のクラス(ファイル)名は慣習的に、メイン側のクラス名に`Spec`や`Test`、`Suite`などの接尾辞を付けます。

たとえば`main`ディレクトリ内の`com.example.Foo`クラスに対応するテストコードを記述するのは、`test`ディレクトリの`com.example.FooSpec`クラスになります。ディレクトリ構成は図7-1のようになります。

実際にはScalaでは1ファイル1クラス制約はなく、内部のクラス名とファイル名が一致する必要もないので、必ずしもこのように書く必要はありません。しかし、`main`ディレクトリ以下のプロダクションコードとの対応をわかりやすくできるので、図7-1のように配置するのがよいでしょう。

図7-1：メインのコードとテストコードの対応

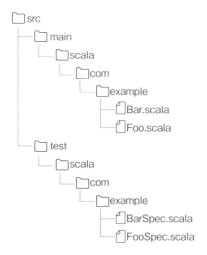

第7章 | ユニットテスト

■ テストの記述と実行

まずはmain側のコードを作成しましょう。以下のcreateMessageメソッド
は引数に渡された人物名を使用して挨拶を生成するメソッドです。たとえば、
人物名が「John」の場合は「Hello, John!」といった具合です。ただし、人物名は一
文字以上としましょう。標準ライブラリのrequireメソッドを使って、空文字
列でないかチェックを行うようにします。

```
package com.example

object Greeting {

  def createMessage(targetName: String): String = {
    // 空文字列だった場合はIllegalArgumentExceptionが投げられる
    require(targetName.nonEmpty)
    "Hello, " + targetName
  }
}
```

ScalaTestではテストのベースとなるクラス[注5]にorg.scalatest.FunSuite
クラスをextendsして、testメソッドの第1引数に期待するテスト結果を文字
列で記述し、第2引数のブロック内にassertやassertThrowsメソッドを用い
てテストを書いていきます。

```
package com.example

import org.scalatest.FunSuite

class GreetingTest extends FunSuite {

  test("引数の人物名に対する挨拶が生成される") {
    val msg = Greeting.createMessage("John")
    assert(msg == "Hello, John!")
  }

  test("引数の人物名が空文字列の場合、IllegalArgumentExceptionが投げられる") {
    // assertThrowsは型パラメータで指定した例外が投げられるか否かをテストする
    assertThrows[IllegalArgumentException] {
      Greeting.createMessage("")
    }
  }
}
```

注5) シングルトンオブジェクトだとテストが実行されません。必ずクラスで定義してください。

210

testメソッドの第1引数に渡す文字列はクラス内で一意である必要があるので、重複しないよう注意してください。このテストをsbtの対話環境から**test**コマンドで実行してみると、以下のような出力が得られます。

```
> test
[info] GreetingTest:
[info] - 引数の人物名に対する挨拶が生成される *** FAILED ***
[info]   "Hello, John[]" did not equal "Hello, John[!]" (GreetingTest.
scala:9)
[info] - 引数の人物名が空文字列の場合、IllegalArgumentExceptionが投げられる
[info] Run completed in 145 milliseconds.
[info] Total number of tests run: 2
[info] Suites: completed 1, aborted 0
[info] Tests: succeeded 1, failed 1, canceled 0, ignored 0, pending 0
[info] *** 1 TEST FAILED ***
[error] Failed tests:
[error]   com.example.GreetingTest
[error] (helloTest/test:test) sbt.TestsFailedException: Tests unsuccessful
```

さて、いきなりですが「***** 1 TEST FAILED *****」と出力されてテストが失敗してしまいました。出力内容をよく見てみると「**引数の人物名に対する挨拶が生成される *** FAILED *****」と表示され、その下に「**"Hello, John[]" did not equal "Hello, John[!]" (GreetingTest.scala:9)**」と表示されているのが見てとれます。

ここから、「Greeting#createMessageメソッドの実行結果が『Hello, John!』であることを期待したけれど、実際には『!』のない『Hello, John』であり、失敗したテストはGreetingTest.scalaファイルの9行目である」ということがわかります。このサンプルでは「Hello, John!」と出力されるのが正しい仕様なので、Greeting#createMessageメソッドに不具合があったことになります。

createMessageメソッドの実装を見てみると、エクスクラメーションマークをつけ忘れていました。仕様を満たすよう以下のように修正します。

```scala
def createMessage(targetName: String): String =
  "Hello, " + targetName + "!"
```

さて、修正が済んだので再度テストを実行してみましょう。

第7章 │ ユニットテスト

```
> test
[info] GreetingTest:
[info] - 引数の人物名に対する挨拶が生成される
[info] - 引数の人物名が空文字列の場合、IllegalArgumentExceptionが投げられる
[info] Run completed in 119 milliseconds.
[info] Total number of tests run: 2
[info] Suites: completed 1, aborted 0
[info] Tests: succeeded 2, failed 0, canceled 0, ignored 0, pending 0
[info] All tests passed.
```

「All tests passed.」と表示され、すべてのテストが通ったことが見てとれますね。これでGreeting#createMessageメソッドに対するテストを作成できました。

7-5 ScalaTestを使いこなす

ScalaTestを使ったはじめてのテストができましたので、ここからは、ScalaTestをさらに使いこなすための知識について解説していきます。

■ さまざまなテストスタイル

前節ではorg.scalatest.FunSuiteを使ってテストを作成しましたが、ScalaTestはいくつものテストケース記述スタイルを提供しており、さまざまなスタイルでテストを記述できます。

FunSuite —— xUnit形式のスタイル

前節でも使ったFunSuiteはxUnit形式でテストを記述するスタイルを提供します。以下がFunSuiteスタイルのテストの例です。

212

```
import org.scalatest.FunSuite

class HowToUseFunSuite extends FunSuite {

  test("headメソッドで最初の要素を取得できる") {
    assert(List(1, 2, 3).head == 1)
  }
  test("要素数が0の場合、headメソッドはNoSuchElementExceptionを投げる") {
    assertThrows[NoSuchElementException] {
      List.empty.head
    }
  }
}
```

　基本的に暗黙の変換によるDSL[注6]を使用しないので、Scalaプログラムとしての可読性が高く、JavaプログラマやScalaを始めたばかりの方にも親しみやすいかと思います。反面、振る舞いや仕様を記述するには表現力が乏しいので、これらを明確化したい場合にはFunSpecやWordSpecを採用するほうがよいでしょう。

FunSpec —— RSpecライクなスタイル

　FunSpecはRubyのRSpecライクな記述ができるスタイルを提供します。describeメソッドをネストさせることができ、仕様や振る舞いを構造的に表現できます。

注6)　ドメイン特化言語(*Domain Specific Language*)の略で、特定の問題領域において、実装の詳細を追わずともその処理の流れが直感的に理解できるよう定義された文法や言語のことです。

第7章 ユニットテスト

```scala
import org.scalatest.FunSpec

class HowToUseFunSpec extends FunSpec {

  describe("Listについて") {
    describe("要素数が0でない場合は") {
      it("headメソッドで最初の要素を取得できる") {
        assert(List(1, 2, 3).head == 1)
      }
    }
    describe("要素数が0の場合は") {
      it("headメソッドはNoSuchElementExceptionを投げる") {
        assertThrows[NoSuchElementException] {
          List.empty.head
        }
      }
    }
    it("sizeメソッドで要素数を取得できる") {
      assert(List(1, 2, 3).size == 3)
    }
  }
}
```

上記のテストを実行すると、以下のような結果になります。

```
[info] HowToUseFunSpec:
[info] Listについて
[info]   要素数が0でない場合は
[info]   - headメソッドで最初の要素を取得できる
[info]   要素数が0の場合は
[info]   - headメソッドはNoSuchElementExceptionを投げる
[info] - sizeメソッドで要素数を取得できる
[info] Run completed in 135 milliseconds.
[info] Total number of tests run: 3
[info] Suites: completed 1, aborted 0
[info] Tests: succeeded 3, failed 0, canceled 0, ignored 0, pending 0
[info] All tests passed.
```

WordSpec —— specs2ライクなスタイル

WordSpecはspecs2ライクな記述ができるスタイルを提供します。DSLによってテストケースの書き方が規定的なので、テストの体裁を整えやすく、要求仕様を記述しやすくなっています。ただし、自然な英語になるようDSLが設計されているため、日本語でテストケースを記述する場合には違和感があるかもしれません。

214

```
import org.scalatest.WordSpec

class HowToUseWordSpec extends WordSpec {

  "Listが" when {
    "要素数0でない" should {
      "headメソッドで最初の要素が取得できる" in {
        assert(List(1, 2, 3).head == 1)
      }
    }
    "要素数が0の場合、headメソッドはNoSuchElementExceptionを投げる" in {
      assertThrows[NoSuchElementException] {
        List.empty.head
      }
    }
  }
}
```

テスト結果は以下のように出力されます。

```
[info] HowToUseWordSpec:
[info] Listが
[info]   when 要素数0でない
[info]   - should headメソッドで最初の要素が取得できる
[info] - when 要素数が0の場合、headメソッドはNoSuchElementExceptionを投げる
[info] Run completed in 127 milliseconds.
[info] Total number of tests run: 2
[info] Suites: completed 1, aborted 0
[info] Tests: succeeded 2, failed 0, canceled 0, ignored 0, pending 0
[info] All tests passed.
```

ほかにもFreeSpecやFeatureSpec、FlatSpecなど、多岐にわたるスタイル
が利用でき、テストコードを書くクラスごとに指定できます。どのスタイルを
採用するのか、どう使い分けをするのかについてあらかじめ方針を決めておく
とよいでしょう。

ここからはシンプルにxUnit形式で記述できるFunSuiteを使用し、提供され
ている基本的な機能を見ていくこととします。

■ Option、Either、Tryに包まれた値のテスト

第3章で紹介したOptionやEither、Tryで包まれた値をテストするにはどう
したらよいでしょうか。

たとえば戻り値がOptionに包まれている値に対してテストを行う場合、単

第7章 | ユニットテスト

純に考えればは以下のよう期待値をSomeで包んで比較するか、あるいは実測値の方でOption#getを呼ぶことになるでしょう。

```
val mappings: Map[String, String] = ...

test("redのカラーコードが取得できる") {
  // 期待値をSomeで包んで比較する場合
  assert(mappings.get("red") == Some("#FF0000"))
}

test("greenのカラーコードが取得できる") {
  // 実測値の方でOption#getを呼ぶ場合
  assert(mappings.get("green").get == "#00FF00")
}
```

　もちろん上記の方法でも問題はないのですが、期待値を毎回Someで包むのは手間ですね。また、もう一方の実測値の方でgetを呼び出す方法では、仮にNoneだった場合はNone.getとなり、java.util.NoSuchElementExceptionが投げられてテストの実行結果に長々とスタックトレースが表示されてしまいます。

　こういった場面で便利なのがorg.scalatest.OptionValuesです。OptionValuesはOptionに対して暗黙の型変換を用いて、valueというメソッドを追加します。

```
import org.scalatest.FunSuite
// 下記のimport文を追加する
import org.scalatest.OptionValues._

class ColorCodeTest extends FunSuite {

  val mappings = Map(
    "red"  -> "#FF0000",
    "lime" -> "#00FF00"
  )

  test("redのカラーコードが取得できる") {
    assert(mappings.get("red").value == "#FF0000")
  }
  test("greenのカラーコードが取得できる") {
    assert(mappings.get("green").value == "#00FF00")
  }
}
```

　このテストを実行すると、以下のようにNoneだった場合でも「The Option on which value was invoked was not defined」が表示されるでしょう。

216

ScalaTestを使いこなす | 7-5

```
[info] ColorCodeTest:
[info] - redのカラーコードが取得できる
[info] - greenのカラーコードが取得できる *** FAILED ***
[info]   The Option on which value was invoked was not defined.
(ColorCodeTest.scala:18)
[info] Run completed in 156 milliseconds.
[info] Total number of tests run: 2
[info] Suites: completed 1, aborted 0
[info] Tests: succeeded 1, failed 1, canceled 0, ignored 0, pending 0
[info] *** 1 TEST FAILED ***
[error] Failed tests:
[error]   com.example.ColorCodeTest
[error] (scalatestUsage/test:testOnly) sbt.TestsFailedException: Tests
unsuccessful
```

　これにより期待値をSomeで包む必要も、無駄なスタックトレースが表示され
ることもなくなりました。

　Option以外にもEitherとTryに対してそれぞれEitherValuesとTry
Valuesが提供されています。

```
package com.example

import org.scalatest.FunSuite
// 下記2つのimport文を追加する
import org.scalatest.EitherValues._
import org.scalatest.TryValues._

import scala.util.Try

class StringParserTest extends FunSuite {

  def parseInt(s: String): Try[Int] = Try(s.toInt)

  test("数値文字列をInt型の値にパースできる (Try版)") {
    assert(parseInt("1").success.value == 1)
  }

  test("数値文字列をInt型の値にパースできる (Either版)") {
    // EitherValuesはRightProjection/LeftProjectionに対して
    // valueメソッドを追加する
    assert(parseInt("1").toEither.right.value == 1)
  }
}
```

　小さな違いではありますが、テストコードおよび失敗した際のメッセージの
可読性が向上し、テストの意図をより明確化できるのでお勧めです。

217

第7章 | ユニットテスト

■ フィクスチャの定義と共通化

ほとんどのテストは、そのテスト対象のメソッドが依存するクラスのインスタンス生成やデータベースとの接続、テスト用ファイルの読み込みなど、そのテストを実行するために何らかの事前準備が必要となります。これらテストを実行する際に必要な事前準備や前提条件のことをフィクスチャ（*fixture*）と呼びます。

たとえば、以下のような mutable.Map をラップした設定値を管理するトレイトを実装したとしましょう。

```scala
import scala.collection.mutable

trait ConfigManager {

  val envPrefix: String
  val config: mutable.Map[String, String]

  def upsertConfig(key: String, value: String): Unit =
    config.update(s"$envPrefix.$key", value)

  def numOfConfig(): Int = config.size

  def clearAll(): Unit = config.clear()
}
```

この ConfigManager は mutable.Map を使用しており、状態を持ちます。通常、テストは test メソッド単位で並列に実行されるため、テストクラス内にグローバルに定義して使い回すことはできません。

下記のように ConfigManager の初期化処理を毎回作成することで、テスト内に閉じた configManager を生成してテストを実行できます。

218

右上: ScalaTestを使いこなす | 7-5

```scala
import org.scalatest.FunSuite
import org.scalatest.OptionValues._
import scala.collection.mutable

class ConfigManagerBoilerplateTest extends FunSuite {

  test("すでに設定キーが存在していた場合は設定値が上書きされる") {
    val configManager = new ConfigManager {
      val envPrefix: String = "test"
      val config: mutable.Map[String, String] = mutable.Map(
        "test.user" -> "John",
        "test.url" -> "http://example.com"
      )
    }
    configManager.upsertConfig("user", "Richard")
    assert(configManager.numOfConfig() == 2)
    assert(configManager.readConfig("user").value == "Richard")
  }

  test("clearAllメソッドを実行すると設定値がすべて削除される") {
    val configManager = new ConfigManager {
      val envPrefix: String = "test"
      val config: mutable.Map[String, String] = mutable.Map(
        "test.user" -> "John",
        "test.url" -> "http://example.com"
      )
    }
    configManager.clearAll()
    assert(configManager.numOfConfig() == 0)
  }
}
```

　ある程度のテスト件数であれば、テスト内にて事前準備の処理が書かれていることも相まって特別問題になることはありません。

　ただ、テストの件数が増えるにつれて ConfigManager の初期化処理を何度も書くのは手間ですし、ConfigManager に機能追加が発生するとテストが増えるたびに初期化処理を書く羽目になり、メンテナンス性が下がってしまいます。これらテストのセットアップをうまく共通化するためにはどうすればよいでしょうか。

トレイトを用いたフィクスチャの共有

　まずは ScalaTest に頼らずにフィクスチャを作成する方法を紹介します。

　これまで test メソッド内で個別に行っていた ConfigManager の初期化処理を、新たに TestFixture というトレイトを作成してその中で行うようにします。

219

第7章 | ユニットテスト

そして test メソッドでは TestFixture 内の初期化済み configManager を用い
てテストを行います。

```scala
import org.scalatest.FunSuite
import org.scalatest.OptionValues._
import scala.collection.mutable

class ConfigManagerFixtureTraitTest extends FunSuite {

  trait TestFixture {
    // 各テスト内で行なっていた初期化処理
    val configManager = new ConfigManager {
      val envPrefix = "test"
      val config = mutable.Map.empty[String, String]
      // 想定される初期値を追加
      config += ("test.user" -> "John")
      config += ("test.url" -> "http://example.com")
    }
  }

  test("すでに設定キーが存在していた場合は設定値が上書きされる") {
    new TestFixture {
      configManager.upsertConfig("user", "Richard")
      assert(configManager.numOfConfig() == 2)
      assert(configManager.readConfig("user").value == "Richard")
    }
  }
  test("clearAllメソッドを実行すると設定値がすべて削除される") {
    new TestFixture {
      configManager.clearAll()
      assert(configManager.numOfConfig() == 0)
    }
  }
}
```

ConfigManager の初期化処理を TestFixture トレイトに集約したことで、
test メソッドの中がかなりスッキリしました。

この方法では test メソッドごとにトレイトで定義されたフィクスチャを new
しているので、それぞれのテスト実行時に使用されるものは別々のインスタン
スになり、並列で実行されても大丈夫という寸法です。

BeforeAndAfterを用いたフィクスチャの共有

もう一つの方法として、BeforeAndAfter トレイトを使うという手もありま
す。BeforeAndAfter トレイトを使用すると、test メソッドごとに行いたい事
前処理／事後処理を定義できます。

これを用いて ConfigManager の初期値を before で追加し、after で削除するようにしてみましょう。

```scala
import org.scalatest.{BeforeAndAfter, FunSuite}
import org.scalatest.OptionValues._
import scala.collection.mutable

class ConfigManagerBeforeAndAfterTest extends FunSuite with BeforeAndAfter {

  val configManager = new ConfigManager {
    val envPrefix: String = "test"
    val config: mutable.Map[String, String] = mutable.Map.empty
  }

  // before、afterメソッド内に書いた処理がtestメソッドごとに実行される
  before {
    configManager.upsertConfig("user", "John")
    configManager.upsertConfig("url", "http://example.com")
  }
  after {
    configManager.clearAll()
  }

  test("すでに設定キーが存在していた場合は設定値が上書きされる") {
    configManager.upsertConfig("user", "Richard")
    assert(configManager.numOfConfig() == 2)
    assert(configManager.readConfig("user").value == "Richard")
  }
  test("clearAllメソッドを実行すると設定値がすべて削除される") {
    configManager.clearAll()
    assert(configManager.numOfConfig() == 0)
  }
}
```

トレイトを用いたフィクスチャの定義同様、test メソッドの中身をスッキリ書くことができました。

そのほか、クラス内のテストがすべて実行される前後で事前処理／事後処理を行いたい場合は、BeforeAndAfterAll トレイトをミックスインし、beforeAll、afterAll メソッドをオーバーライドすることで実現できます。

ここで紹介した2つの方法のほかにも、org.scalatest.fixture パッケージ以下の FunSuite を用いたり、withFixture メソッドをオーバーライドしたりするなど、さまざまな方法がありますので、詳細は ScalaTest の公式ドキュメントを参照してください。

第7章 | ユニットテスト

■ 一時的にテストを実行しないようにする

　何かしらの事情により一時的にテストを実行したくない場合には、testメソッドをignoreメソッドに変更することで、該当するテストをスキップできます。

```scala
import org.scalatest.FunSuite

class IgnoreMethodTest extends FunSuite {

  // メソッド名をtestからignoreに変更
  ignore("1+1は2である") {
    assert(1 + 1 == 2)
  }
  test("1+0は1である") {
    assert(1 + 0 == 1)
  }
}
```

　また、クラス内のすべてのテストを実行したくない場合には@Ignoreアノテーションを付与します。

```scala
import org.scalatest.{FunSuite, Ignore}

@Ignore
class IgnoreAnnotationTest extends FunSuite {

  test("1+1は2である") {
    assert(1 + 1 == 2)
  }
  test("1+0は1である") {
    assert(1 + 0 == 1)
  }
}
```

　テスト実行結果は以下のとおりです。IgnoreMethodTestではignoreメソッドのテストが、IgnoreAnnotationTestでは含まれるすべてのテストがスキップされているのが見てとれます。

222

ScalaTestを使いこなす | **7-5**

```
> testOnly com.example.Ignore*
[info] IgnoreAnnotationTest:
[info] - 1+1は2である !!! IGNORED !!!
[info] - 1+0は1である !!! IGNORED !!!
[info] IgnoreMethodTest:
[info] - 1+1は2である !!! IGNORED !!!
[info] - 1+0は1である
[info] Run completed in 118 milliseconds.
[info] Total number of tests run: 1
[info] Suites: completed 2, aborted 0
[info] Tests: succeeded 1, failed 0, canceled 0, ignored 3, pending 0
[info] All tests passed.
```

ただし、ignoreメソッドや@Ignoreアノテーションはあくまで該当するテストの実行をスキップするだけなので、テストコードはコンパイルが通る状態になっている必要があるので注意してください。

■ privateなメソッドのテスト

privateなメソッドをテストするためにはorg.scalatest.PrivateMethodTesterトレイトをミックスインします。

```scala
package com.example

import org.scalatest.{FunSuite, PrivateMethodTester}

class Foo {
  private def inc(i: Int): Int = i + 1
}

class PrivateMethodTesterExampleTest extends FunSuite with
PrivateMethodTester {
  val incMethod = PrivateMethod[Int]('inc)
  val foo = new Foo()

  test("inc(1) は 2 である") {
    assert(foo.invokePrivate(incMethod(1)) == 2)
  }
}
```

まずはPrivateMethod#applyメソッドの型パラメータにテストしたいメソッドの戻り値の型を、引数にメソッド名のシンボル(*symbol*)を渡し、privateなメソッドを呼び出すための参照のようなものを作成します。

invokePrivateメソッドは暗黙の変換によってテスト対象クラスに追加され

223

第7章 | ユニットテスト

るメソッドで、これに`incMethod(2)`を渡すことで、`foo`インスタンスの`inc`メ
ソッド引数に2を渡して実行した結果が得られます。あとはこれまで同様、得
られた結果が仕様を満たすかテストを書くだけです。

Column

パッケージプライベートなほうがテストしやすい

　本文で`private`なメソッドのテスト方法を紹介しましたが、前述のと
おりテストのための事前準備が手間であったり、メソッド名を書き間違
えてしまった場合には実行時エラーになったりするためいささか不便で
す。`inc`のような副作用のないメソッドに関してはアクセス修飾子をパッ
ケージプライベートに変更しても実用上は問題ありません。パッケージ
プライベートにすることで同一パッケージ内に属するクラスやオブジェ
クトから参照できるようになるので、これまでどおりの方法でテストを
行うことができます。

　特別な理由がない限り、テストのしやすさの観点からパッケージプラ
イベートにすることをお勧めします。

```scala
package com.example

import org.scalatest.{FunSuite, PrivateMethodTester}

class Foo {
  // com.exampleパッケージ内であれば、incを使用できる
  private[example] def inc(i: Int): Int = i + 1
}

class PrivateMethodTesterExampleTest extends FunSuite {
  val foo = new Foo()

  test("inc(1)は2である") {
    assert(foo.inc(1) == 2)
  }
}
```

■ 非同期処理のテスト

　一般に、非同期処理をテストするのは、同期的な処理と比較して容易ではありません。もちろんScalaも例外ではないのですが、ScalaTestのバージョン3.0.0より、実行結果が scala.concurrent.Future になる処理のテストを書くための AsyncFunSuite や AsyncWordSpec などのテストスタイルが提供されるようになり、標準ライブラリの Future を使う限りにおいては Await を用いて処理をブロックさせる必要がなくなりました。

　まずはテスト対象となるプログラムを用意しましょう。AsyncCalculator#div メソッドは、第1引数に渡された整数値を第2引数の整数値で除算するという処理です。また、この除算する処理を Future.apply メソッドを使用して非同期に実行するため、暗黙のパラメータとして ExecutionContext[注7] を引数にとります。

```
import scala.concurrent.{Future, ExecutionContext}

object AsyncCalculator {

  def div(i: Int, j: Int)(implicit ec: ExecutionContext): Future[Int] =
    Future { i / j }
}
```

　この AsyncCalculator#div が期待どおりの除算結果が得られるかをテストしてみましょう。

　まず、AsyncFunSuite などの Async 接頭辞がついたクラスを継承し、各テストの中で最終的に Future[Assertion] にします。Future を生成したり map したりする際に必要な ExecutionContext も ScalaTest 側が提供してくれており、AsyncFunSuite 内に含まれているので特別な事情がなければ自分で作る必要はありません。

注7）ExecutionContext については第5章の「暗黙のパラメータについて」を参照してください。

第7章 ユニットテスト

```scala
import org.scalatest.AsyncFunSuite

class AsyncCalculatorTest extends AsyncFunSuite {

  // Future[Int]をmapして、Future[Assertion]型にする
  test("引数に渡した数値の除算が非同期に実行され、結果が得られる") {
    AsyncCalculator.div(10, 2).map { result =>
      assert(result == 5)
    }
  }
}
```

　ところで、AsyncCalculator#div メソッドは第2引数に0を渡すと
ArithmeticExceptionが投げられ、Futureが失敗状態になります。この動作
は想定どおりの正しい仕様だったとしましょう。この動作が正しい仕様である
ことをテストする、つまり特定の例外によってFutureが失敗することをテス
トしたい場合には、recoverToSucceededIf メソッドを使用します。

```scala
test("除算の結果がArithmeticExceptionである") {
  // recoverToSucceededIfの型パラメータには、投げられるべき例外を指定する
  recoverToSucceededIf[ArithmeticException] {
    AsyncCalculator.div(1, 0)
  }
}
```

　この2つのテストを実行すると以下のようになります。

```
> testOnly com.example.AsyncCalculatorTest
[info] AsyncCalculatorTest:
[info] - 引数に渡した数値の除算が非同期に実行され、結果が得られる
[info] - 除算の結果がArithmeticExceptionである
[info] Run completed in 162 milliseconds.
[info] Total number of tests run: 2
[info] Suites: completed 1, aborted 0
[info] Tests: succeeded 2, failed 0, canceled 0, ignored 0, pending 0
[info] All tests passed.
```

　無事、Futureが返ってくる処理のテストを書くことができました。

Mockitoを使ったモックテスト | 7-6

7-6 Mockitoを使ったモックテスト

　一般にテストの対象となるクラスやメソッドは複数のクラスなどと連携して全体として機能が実現されていることが大半です。うまく切り分けて実装されていればよいのですが、たとえば外部システムやミドルウェアとの接続が絡む部分に関しては、クラスのインスタンスを生成し、データベースと接続、そして初期データの書き込みをして……と、単純にテストを行うことが難しい場面があります。

　こういった場面ではしばしば依存するクラスなどをダミーに置き換えてテストを行います。この置き換えるダミーのことをテストダブル（*test double*）と呼び、ダミーに置き換える際に明示的な値を返すようにするものをスタブ（*stub*）、ダミーを用いてテスト対象内で使われているメソッドがどう呼び出されているかを検証するものをモック（*mock*）と呼びます。ただ、多くのモックフレームワークやライブラリでは、生成したモックを用いてスタブの役割をさせることも可能なので、区別があいまいなこともあります。

　以降ではJavaで実装されたモックフレームワークであるMockitoをScalaTestと組み合わせ、モックを用いたテストの流れを紹介したいと思います。

■ Mockitoのインストール

　ScalaTestはデフォルトでMockitoをラップしたトレイトを提供していますが、実際に使用するためには**build.sbt**にMockitoの依存を追加する必要があります。

```
libraryDependencies += "org.mockito" % "mockito-core" % "2.19.0" % Test
```

　MockitoはJavaで開発されているライブラリで、アーティファクトIDに**_2.12**などの接尾辞はついていません。誤って**org.mockito**あとの%を%%としてしまうと、sbtによってjarの依存解決時にScalaのバイナリバージョンが付与されてしまいますので注意してください。

227

第7章 | ユニットテスト

■ モックの生成とテスト

まずはMockitoの基本的な使い方をみてみましょう。以下に Spreadsheet を
読み込んで各種情報を取得する SpreadsheetReader を用意してみました。こ
の SpreadsheetReader のモックを定義しながら進めていきます。

```
case class Spreadsheet(id: String, sheets: Map[String, Spreadsheet.Sheet])

object Spreadsheet {
  type Sheet = Seq[Seq[String]]
}

class SpreadsheetReader(spreadsheet: Spreadsheet) {

  def readSheetId: String = spreadsheet.id

  def readSheetNames: Seq[String] = spreadsheet.sheets.keys.toSeq

  def readSheet(sheetName: String): Option[Spreadsheet.Sheet] =
    spreadsheet.sheets.collectFirst {
      case (name, sheet) if name == sheetName => sheet
    }

  def isEmptySheet(sheetName: String): Boolean =
    readSheet(sheetName).exists(_.isEmpty)
}
```

最初に必要なのはベースとなるモックのインスタンスの生成です。モックの
インスタンスを生成するためには Mockito#mock メソッドを使用します。

```
import org.mockito.Mockito
import org.scalatest.FunSuite

class SpreadsheetReaderTest extends FunSuite {

  val mockedSpreadsheetReader: SpreadsheetReader =
    Mockito.mock(classOf[UserRepository])
}
```

また、ScalaTestでは MockitoSugar トレイトをミックスインすることで、前
述のモックのインスタンス生成処理を簡単に書くことができます。

228

```
import org.scalatest.FunSuite
import org.scalatest.mockito.MockitoSugar

class SpreadsheetReaderTest extends FunSuite with MockitoSugar {

  // ここで使用しているmockメソッドはMockitoSuger内に定義されている
  val mockedSpreadsheetReader: SpreadsheetReader =
    mock[SpreadsheetReader]
}
```

　さて、これでモックを作成できました。ただし、このままではメソッドを呼び出しても null が返ってくるだけです。引数の内容とそれに応じたメソッドの戻り値を登録する必要があります。戻り値の登録には when と thenReturn を用います。

```
import org.scalatest.FunSuite
import org.scalatest.mockito.MockitoSugar
import org.mockito.Mockito._
import org.mockito.ArgumentMatchers._

class SpreadsheetReaderTest extends FunSuite with MockitoSugar {

  val mockedSpreadsheetReader: SpreadsheetReader = mock[SpreadsheetReader]

  // "sheet_1"を引数にreadSheetメソッドを呼んだ場合はSome(...)
  when(mockedSpreadsheetReader.readSheet("sheet_1"))
    .thenReturn(Some(Seq.empty))

  // "sheet_2"を引数にreadSheetメソッドを呼んだ場合はNone
  when(mockedSpreadsheetReader.readSheet("sheet_2"))
    .thenReturn(None)

  // isEmptySheetは任意の文字列を引数にとり、常にtrueを返すとする
  when(mockedSpreadsheetReader.isEmptySheet(any[String]))
    .thenReturn(true)
}
```

　Mockito#when の引数にメソッドと引数の組み合わせを渡し、その組み合わせのときの戻り値を thenReturn を使って登録します。もし引数を気にしないのであれば、org.mockito.ArgumentMatchers#any を使用して任意の引数にマッチさせることもできます。

　また、Mockito では when の引数にて指定したメソッドがどの引数で何回呼び出されたかなどの情報を保持しており、Mockito#verify メソッドを使用して想定どおりの呼び出しが行われたかを検証できます。仮に期待していた呼び出

第7章 | ユニットテスト

し回数と異なっていた場合は例外が投げられます。

```scala
class SpreadsheetReaderTest extends FunSuite with MockitoSugar {

  val mockedSpreadsheetReader: SpreadsheetReader = mock[SpreadsheetReader]

  // ...

  // 引数のtypoには気をつけましょう
  test("readSheetの引数にwhenで指定してな文字列を渡すとnull") {
    assert(mockedSpreadsheetReader.readSheet("sheet_other") == null)
  }

  test("readSheetの引数がsheet_1ならSome") {
    assert(mockedSpreadsheetReader.readSheet("sheet_1").value == Nil)
    verify(mockedSpreadsheetReader, times(1)).readSheet("sheet_1")
  }

  test("readSheetの引数がsheet_2ならNone") {
    assert(mockedSpreadsheetReader.readSheet("sheet_2") == None)
    verify(mockedSpreadsheetReader, times(1)).readSheet("sheet_2")
  }

  test("isEmptySheetの引数に任意の文字列を渡すとtrue") {
    assert(mockedSpreadsheetReader.isEmptySheet("sheet_other"))
    assert(mockedSpreadsheetReader.isEmptySheet("sheet_sample"))
    assert(mockedSpreadsheetReader.isEmptySheet("foo_bar"))

    // isEmptySheetが任意の文字列を引数に3回呼び出されたことを検証
    verify(mockedSpreadsheetReader, times(3)).isEmptySheet(any[String])

    // 一度も呼び出されていないことを検証したい場合はMockito#neverを用いる
    verify(mockedSpreadsheetReader, never).readSheetNames
  }

  test("Mockito#verifyでの検証が通らなかった場合はWantedButNotInvokedが投げられ
る") {
    assertThrows[WantedButNotInvoked] {
      verify(mockedSpreadsheetReader, times(1)).readSheetId
    }
  }
}
```

　このテストを実行すると以下のようなテスト結果が得られます。さて、これ
で一通りモックの定義と設定が終わったのでテストを実行してみましょう。

```
[info] SpreadsheetReaderTest:
[info] - readSheet の引数にwhenで指定してな文字列を渡すとnull
[info] - readSheet の引数がsheet_1ならSome
[info] - readSheet の引数がsheet_2ならNone
[info] - isEmptySheetの引数に任意の文字列を渡すとtrue
[info] - Mockito#verifyでの検証が通らなかった場合はWantedButNotInvokedが投げら
れる
[info] Run completed in 540 milliseconds.
[info] Total number of tests run: 5
[info] Suites: completed 1, aborted 0
[info] Tests: succeeded 5, failed 0, canceled 0, ignored 0, pending 0
[info] All tests passed.
```

　無事にすべてのテストが通りました。以上がMokitoの基本的な使い方になります。

■ モックテストの実用例

　さて、Mockitoの使い方がわかったところで実用例を考えてみましょう。

　たとえばログインが必要なサービスを開発していたとします。AuthServiceはUserエンティティの保存と検索を担うUserRepositoryを用いて認証を行うクラスであり、一通り実装が完了したタイミングでAuthService#authenticateメソッドのテストを行うことになったとしましょう。

第7章 │ ユニットテスト

```scala
trait UserRepository {
  def save(id: Long): Unit
  def findById(id: Long): Option[User]
  def findByName(name: String): Option[User]
}

object UserRepository {
  def apply(dbInfo: DBInfo): UserRepository =
    new UserRepositoryImpl(dbInfo)
}

// データベースとの接続が必要になる実装
class UserRepositoryImpl(dbInfo: DBInfo) extends UserRepository {
  def save(id: Long): Unit = ???
  def findById(id: Long): Option[User] = ???
  def findByName(name: String): Option[User] = ???
}

class AuthService(userRepository: UserRepository) {
  // 実際の認証コードではハッシュ化・ストレッチングを行うが、
  // ここでは説明の簡略化のためにそのまま比較している
  def authenticate(userName: String, password: String): Boolean =
    userRepository
      .findByName(userName)
      .exists(_.password == password)
}
```

AuthServiceではUserRepositoryを用いてUserを検索し、見つかった場合にはパスワードを比較します。見つからなかった場合はfalseになります。

このUserRepositoryに依存したAuthServiceのテストを書く場合、UserRepositoryの実装が必要になります。しかし、UserRepositoryの実装（UserRepositoryImpl）はデータベースへの接続が必要な処理です。つまり、愚直にAuthService#authenticateメソッドをテストしようとするとデータベースへの接続が必要になるため、たいへん手間がかかります。

そこで便利なのがMockitoなどのモックを生成してくれるライブラリというわけです。

232

Mockito を使ったモックテスト | **7-6**

```scala
import org.scalatest.FunSuite
import org.scalatest.mockito.MockitoSugar
import org.mockito.Mockito._
import org.mockito.ArgumentMatchers._

class AuthServiceTest extends FunSuite with MockitoSugar {
  // typo safe
  val (john, jane, password) = ("john", "jane", "password")

  // org.mockito.Mockito.mock(classOf[UserRepository])と等価
  val mockedUserRepository: UserRepository = mock[UserRepository]

  when(mockedUserRepository.findByName(john))
    .thenReturn(Some(User(1, john, password)))

  when(mockedUserRepository.findByName(jane))
    .thenReturn(None)

  val authService: AuthService = new AuthService(mockedUserRepository)

  test("ユーザが見つかり、パスワードが一致した場合はtrue") {
    assert(authService.authenticate(john, password))
    verify(mockedUserRepository, never).save(any[Long])
    verify(mockedUserRepository, times(1)).findByName(john)
  }
  test("ユーザが見つからない場合はfalse") {
    assert(authService.authenticate(jane, password) == false)
    verify(mockedUserRepository, never).findById(any[Long])
    verify(mockedUserRepository, times(1)).findByName(jane)
  }
}
```

　UserRepository のモックを作成し、それを用いて AuthService を初期化しています。そして得られた authService を用いた UserRepository#findByName の実行結果が想定どおりだったと仮定して、authenticate メソッドが正しく動作しているかをテストしています。

　さて、このテストを実行してみましょう。

```
[info] AuthServiceTest:
[info] - ユーザが見つかり、パスワードが一致した場合はtrue
[info] - ユーザが見つからない場合はfalse
[info] Run completed in 445 milliseconds.
[info] Total number of tests run: 2
[info] Suites: completed 1, aborted 0
[info] Tests: succeeded 2, failed 0, canceled 0, ignored 0, pending 0
[info] All tests passed.
```

　verify メソッドが例外を投げず、authenticate メソッド内で想定どおりの

233

第7章 ユニットテスト

メソッド呼び出しが正常に行われたことがわかります。このようにして、
UserRepositoryの実装に依存することなく、AuthServiceのロジックのみを
テストできました。

Column

モックライブラリを使わずに済む実装

　今回のUserRepositoryのようにインタフェースと実装を適切に分離
しておけば、モックライブラリを使用せず、トレイトから直接インスタ
ンスを生成することで、モック(の役割をする実装)を作成できます。

```scala
val resolvedUserRepositoryMock: UserRepository =
  new UserRepository {
    def save(id: Long): Unit = ???
    def findById(id: Long): Option[User] = ???
    def findByName(name: String): Option[User] =
      Some(User(1, john, password))
  }

val unresolvedUserRepositoryMock: UserRepository =
  new UserRepository {
    def save(id: Long): Unit = ???
    def findById(id: Long): Option[User] = ???
    def findByName(name: String): Option[User] = None
  }
```

　上記の方法の場合、モックライブラリに依存せず気軽にモックやスタ
ブを作成できるメリットがあります。ただし、テストケースごとに毎回
UserRepositoryのメソッドを定義する必要があり、テストしたい内容と
関係ないコードが増えてしまうため、テスト対象や実装の規模感に合わ
せて使い分けるのがよいでしょう。

ScalaCheckを使ったプロパティベーステスト | 7-7

7-7 ScalaCheckを使ったプロパティベーステスト

本節ではScalaCheckを使ったプロパティベーステストについて紹介します。
さて、プロパティベーステストとはいったい何でしょうか？

普段あまり意識せずともプログラムを書いていると、以下のような「条件を満たすどんな値に対しても成り立つ性質」に遭遇することがあります。

・**整数に関する性質**
 i + i == i * 2
・**文字列の長さに関する性質**
 a.length + b.length == (a + b).length
・**あるデータのエンコード／デコード処理に関する性質**
 decode(encode(data)) == data

こういった「性質」に対してテストデータを自動生成し、そのテストデータに関してこれらの性質を常に満たすかどうかをテストするのが、プロパティベーステストです。厳密には性質を満たすことを証明するものではなく、テストデータを大量に自動で生成することでその性質が満たされることをある程度担保できるというものです。

実際のところ難しく考える必要はなく、初めは型に応じてテストケース（で使用する値）を自動で生成してくれる便利ライブラリという認識で十分でしょう。

■ ScalaCheckのインストールと使い方

ScalaCheckは単体のテストフレームワークとしても使えますが、今回はScalaTestと組み合わせて使用する例を紹介します。

Mockitoと同様、ScalaTestにはあらかじめScalaCheckと連携するための機能が含まれていますが、jarは含まれていないので、`build.sbt`に別途ScalaCheckの依存を追加する必要があります。

235

第7章 ユニットテスト

```
libraryDependencies += "org.scalacheck" %% "scalacheck" % "1.14.0" % Test
```

　PropertyChecksトレイトをミックスインするか、同名のオブジェクトをインポートして使います。

```
import org.scalatest.FunSuite
import org.scalatest.prop.PropertyChecks
// またはミックスインせずに下記インポート文を追加する
// import org.scalatest.prop.PropertyChecks._

class StringLengthTest extends FunSuite with PropertyChecks {

  test("a.length + b.length == (a + b).length") {
    forAll { (a: String, b: String) =>
      assert(a.length + b.length == (a + b).length)
    }
  }
}
```

　実行してみると、おなじみの「`All tests passed.`」が表示されました。

```
[info] StringLengthTest:
[info] - a.length + b.length == (a + b).length
[info] ScalaTest
[info] Run completed in 250 milliseconds.
[info] Total number of tests run: 1
[info] Suites: completed 1, aborted 0
[info] Tests: succeeded 1, failed 0, canceled 0, ignored 0, pending 0
[info] All tests passed.
[info] Passed: Total 1, Failed 0, Errors 0, Passed 1
```

　さて、このテストではいったい何が行われたのでしょうか。

　内部ではテストケースが複数生成されて、`forAll`内の`(String, String) => Assertion`関数がその生成されたテストケース一つ一つに対して実行されます。この生成されたテストケースにおいて、`assert`がすべて成功した場合に初めて`test("a.length + b.length == (a + b).length") { ... }`全体が成功したとみなされます。

　とはいえ、このままではわかりにくいので今度は失敗するテストを追加してみましょう。

236

ScalaCheckを使ったプロパティベーステスト | 7-7

```
class StringLengthTest extends FunSuite with PropertyChecks {

  // ...

  test("2つの文字列を結合すると1文字以上である") {
    forAll { (s: String, t: String) =>
      assert((s + t).length > 0)
    }
  }
}
```

テストを実行すると以下のような出力が得られました。

```
[info] StringLengthTest:
[info] - a.length + b.length == (a + b).length
[info] - 2つの文字列を結合すると1文字以上である *** FAILED ***
[info]    TestFailedException was thrown during property evaluation.
[info]      Message: 0 was not greater than 0
[info]      Location: (StringLengthTest.scala:18)
[info]      Occurred when passed generated values (
[info]        arg0 = "",
[info]        arg1 = ""
[info]      )
[info] ScalaTest
[info] Run completed in 319 milliseconds.
[info] Total number of tests run: 2
[info] Suites: completed 1, aborted 0
[info] Tests: succeeded 1, failed 1, canceled 0, ignored 0, pending 0
[info] *** 1 TEST FAILED ***
[error] Failed: Total 2, Failed 1, Errors 0, Passed 1
[error] Failed tests:
[error]   com.example.StringLengthTest
[error] (propertyBasedTesting/test:testOnly) sbt.TestsFailedException: Tests
unsuccessful
```

　出力結果より、引数のsとtが両方とも空文字列であった場合に性質を満た
さないのでテストが失敗したことが読み取れます。

　仮に(s + t).lengthという処理を行う前に、事前にsとtが空文字列でな
いことがわかっていて、両者が空文字列でない場合にのみ性質を満たすことを
テストしたい場合には、wheneverを使用します。wheneverは引数に与えられ
た条件を満たす場合のみブロック内のプログラム（下記の例ではassertメソッ
ド）を実行します。

第7章 | ユニットテスト

```
class StringLengthTest extends FunSuite with PropertyChecks {
  // ...

  test("2つの文字列を結合すると1文字以上である") {
    forAll { (s: String, t: String) =>
      whenever(s.nonEmpty && t.nonEmpty) {
        assert((s + t).length > 0)
      }
    }
  }
}
```

　この状態でテストを実行すると、無事「All tests passed.」が表示されました。

```
[info] StringLengthTest:
[info] - a.length + b.length == (a + b).length
[info] - 2つの文字列を結合すると1文字以上である
[info] ScalaTest
[info] Run completed in 314 milliseconds.
[info] Total number of tests run: 2
[info] Suites: completed 1, aborted 0
[info] Tests: succeeded 2, failed 0, canceled 0, ignored 0, pending 0
[info] All tests passed.
[info] Passed: Total 2, Failed 0, Errors 0, Passed 2
```

　このようにランダムに生成されるテストデータを用いて、どういった場合に性質が満たされないのかを検出するのに役立ちます。

　　　　　　　　　　　　　　＊　　＊　　＊

　本章では「なぜテストを書くのか？」という話から出発し、Scalaのテスト事情をざっと見てきましたが、いかがでしたでしょうか。面倒と敬遠されがちなテストですが、Scalaにおいてもこれらを支援するような機能やライブラリはとても充実しています。それらを使いこなすことでより簡潔に充実したテストを書けるようになり、結果的に開発を加速させることができます。
　もちろんここで紹介した機能がすべてではありませんし、新しいコンセプトのテストフレームワークもどんどん登場していますので、テストに関するトレンドもぜひ追ってみてください。それでは、よいテストライフを。

第8章

知っておきたい
応用的な構文

　本章では、これまで紹介してこなかったScalaの構文について説明します。

　Scalaの機能としては本質的ではありませんが、実用的にScalaを使ううえでは重要な機能が多いため、Scalaに多少慣れてきたくらいのタイミングで本章を読むとよいでしょう。

第8章 | 知っておきたい応用的な構文

8-1 コンパニオンオブジェクト ── 同名のクラスへの特権的なアクセス権を持つオブジェクト

第2章でobject構文を紹介しましたが、同じファイルで同じネストレベルにあるクラスと同名のオブジェクトを定義したとき、そのオブジェクトを指して「そのクラスのコンパニオンオブジェクト(*companion object*)である」と言います。

以下の例のとおり、コンパニオンオブジェクトは同名のクラス[注1]のprivateなメンバにアクセスできます。なお、クラスパラメータの前にprivateやprotectedを付けると、その引数を持つコンストラクタをprivateやprotectedにできることに注意してください。

```
// コンストラクタにprivate修飾子を指定
class Person private(name: String, age: Int)
object Person {
  // このコンストラクタはコンパニオンオブジェクトからしか呼び出せない
  def apply(name: String, age: Int): Person = new Person(name, age)
}
```

上記の例では、クラスPersonのプライマリコンストラクタをprivateにしています。本来はprivateなコンストラクタをその外側からは呼び出せないはずですが、コンパニオンオブジェクトであるPerson(同じ名前なのでややこしいですね)のapplyメソッドからアクセスすることができています。

コンパニオンオブジェクトは、今回の例のようにオブジェクトのファクトリとして使われたり、暗黙のパラメータのデフォルトのインスタンスを格納するのに使われたりします[注2]。

8-2 部分関数 ── 呼び出し前の引数チェック

ある関数を呼び出す前に、その関数を特定の引数で呼び出した場合に呼び出しが必ず成功するかどうかを、関数本体を実行せずに確認したいということが

注1) これを「コンパニオンクラス(*companion class*)」と呼びます
注2) コンパニオンオブジェクトは暗黙のパラメータの探索範囲に組み込まれるためです。

240

部分関数 —— 呼び出し前の引数チェック | **8-2**

あります。そのような性質を持つ関数をScalaでは部分関数[注3]と呼びます。部分関数は`PartialFunction[A, B]`という型で表現され、次のような形で生成できます。

```
// n >= 0なnに対してのみ呼び出しが成功するPartialFunction[Int, Int]を定義
val dbl: PartialFunction[Int, Int] = { case n if n >= 0 => n * 2 }
dbl.isDefinedAt(1) // true
dbl.isDefinedAt(0) // true
dbl.isDefinedAt(-1) // false
dbl.apply(1) // 2
dbl(1) // dbl.apply(1) と同じ
```

　部分関数は、`PartialFunction`型を指定した変数あるいは引数に対して、第2章で紹介した`match`式のパターン以降の部分を指定することで生成できます。`PartialFunction`のパターンにマッチする場合は`isDefinedAt`が`true`を返し、そうでない場合は`false`を返します。

　部分関数にはいろいろな用途がありますが、たとえば、コレクションライブラリの`collect`メソッドは引数として部分関数をとります。`collect`メソッドは次のようにして使うことができます。

```
List(1, 2, 3).collect { case n if n < 3 =>
  n * 2
} // List(2, 4)
```

　`collect`は、コレクションの各要素に対して引数として与えられた部分関数の`isDefinedAt`を呼び出し、`true`が返ってきた要素のみを集めたうえで、さらにその要素に対して部分関数の`apply`を呼び出します。最終的には、その呼び出し結果からなるコレクションを返します。ここでは、部分関数の冒頭のパターンが`case n if n < 3`となっており、`n < 3`である場合にのみ呼び出しが成功するため、`isDefinedAt(n)`は`n < 3`の場合にのみ`true`を返します。

注3) 部分関数というのは特定の引数に対してしか定義されていない関数一般を指す用語ですが、実のところ、プログラミング言語における関数は部分関数であることが多いので、`isDefinedAt`が呼び出せるというだけの関数を「部分関数」と呼ぶのは用語として不自然です。ここで解説した「部分関数」は本来なら`CheckableFunction`などとすべきだったように思います。

第8章 | 知っておきたい応用的な構文

8-3 デフォルト引数 —— 引数を省略したときの既定値を指定する

　メソッドを定義するときに、引数の一部、あるいは全部に関して、省略したときのデフォルトの値を定義できると便利なことがあります。

　たとえば、以下のメソッドjoinはlistをseparatorで挟んでつなげた文字列を返しますが、separatorが省略された場合には空文字列""が与えられたと解釈できるとよさそうです。

```
def join(list: List[String], separator: String): String = list.
mkString(separator)
join(List("a", "b", "c"), "") // "abc"
```

　このような場合、引数の型指定のあとに= 式という形でデフォルト値を指定できます。今回の例であれば、以下のような形で空文字列をデフォルト値として指定すればよいでしょう。

```
def join(list: List[String], separator: String = ""): String = list.
mkString(separator)
join(List("a", "b", "c")) // "abc"
```

　なお、式の部分には、あらかじめ定まった値だけでなく、任意の式を指定できます。

8-4 名前付き引数 —— メソッドの引数に名前をつけて呼び出せるようにする

　メソッドの引数に付けた名前を呼び出し側から参照して、メソッドを呼び出せると便利なことがあります。

　たとえば、指定された座標に円を描画するメソッドdrawCircleを次のようにして定義したとします。

```
def drawCircle(x: Int, y: Int, radius: Int) = ???
```

　このようにした定義したメソッドdrawCircleは、以下のように引数の名前

242

を指定して呼び出すことができます。

```
drawCircle(x = 100, y = 200, radius = 5)
```

すべての引数名を指定している場合、以下のように引数の順序を入れ替えることもできます。

```
drawCircle(radius = 5, x = 100, y = 200)
```

特に引数の数が多いときに名前付き引数を使うと、引数の意味を読み手に明示することができ、プログラムがわかりやすくなることがあります。また、同じ型の引数が複数あるときの渡し間違いを防ぐ効果もあります。

ただし、引数名を呼び出し側で使えるということは、引数名自体も公開APIの一部であることを理解しておく必要があります。引数名を変えることで呼び出し側のコンパイルが通らなくなったり、そもそもメソッドの呼び出し側が別バイナリにある場合には、バイナリ互換性が崩れてしまう危険性があります。

8-5 値クラス —— オブジェクト生成のオーバーヘッドを避ける

「型としてはいわゆるプリミティブ型と区別したいが、それによるJVMレベルでのオブジェクト生成のオーバーヘッドは許容したくない」ということがしばしばあります。そんなときに便利なのが値クラスです。

たとえば、メートルによる長さを表す`Meter`クラスは、素朴に実装するのであれば`Int`型を用いて次のように定義できるでしょう。

```
case class Meter(value: Int)
```

このようにすることで、`Int`型で直接すべてを表現するよりも安全に値を扱うことができます。しかしこの定義では、`val a = Meter(10)`といった形で`Meter`クラスのインスタンスが生成されるたびに、JVMレベルではオブジェクトが生成されてしまいます。

このようなときにJVMレベルでオブジェクトが生成されるのを抑制するため

第8章 知っておきたい応用的な構文

に、値クラスを使うことができます。値クラスは次のようにして定義します。

```
case class Meter(value: Int) extends AnyVal
```

クラスパラメータが引数を1つだけとって AnyVal を継承すると、クラスパラメータの引数を実体とする値クラスが定義されます。値クラスを使うと、可能な限りクラスパラメータの引数を直接使うようなコードに変換されます。たとえば、以下のようなコードは、

```
val m = Meter(10)
println(m.value)
```

次のとおり変換されます。

```
println(10)
```

ただし、「可能な限り」と書いたとおり、すべてのケースでこのような変換が行われるわけではありません。特に、引数や戻り値が値クラスになる場合、いったんJVMレベルでもオブジェクトが生成されます。

値クラスは、暗黙クラスと併用することで特に価値を発揮します。暗黙クラスによってメソッドを追加した場合、暗黙クラスのオブジェクトがJVMレベルで生成されることが問題でしたが、値クラスと併用することで問題を解消できます。

たとえば、Stringの内容を表示するdisplayメソッドを追加する場合を考えてみましょう。次のようにすることで、displayが呼ばれたときに暗黙クラスのインスタンスがJVMレベルで生成されずに済むようになります。

```
implicit class StringExtention(val self: String) extends AnyVal {
  def display(): Unit = println(self)
}
"FOO".display()
```

型メンバ —— クラスやトレイト内だけで有効な型の別名を付ける | 8-6

8-6 型メンバ —— クラスやトレイト内だけで有効な型の別名を付ける

Scalaではクラスやトレイトが型をメンバに持つことができます。たとえば、次のTypeMembersクラスの定義を見てください。

```
class TypeMembers {
  type T = String
  val t: T = "FOO"
}
```

このとき、クラスTypeMembersの中で定義された型Tを「TypeMembersのメンバである型」という意味で、「型メンバ(*type member*)」と呼びます。この例の場合、TypeMembersの中におけるTはString型の別名となります。このような定義は、あるクラス内でだけ有効な型の別名を作るのに役立ちます[注4]。

また、type Tは宣言だけすることができます(その場合、サブクラスやミックスイン先で実際の型と結びつけることになります)。以下の例では、trait StacksでジェネリックなStackを含むモジュールを定義しています。スタックとして積まれる値の型がわからないため、Stackの実際の型もわかりませんから、型Tの実体は定義されていません。

注4) このように型の別名を付ける機能はほかの多くのプログラミング言語にもあり、Stringなどの汎用的な型にIdやNameなどの別名を付けることで可読性を向上させられます。

245

第8章 知っておきたい応用的な構文

```
trait Stacks {
  type T
  sealed abstract class Stack {
    def isEmpty: Boolean
    def top: T
    def pop: Stack
    def push(e: T): Stack = NonEmptyStack(e, this)
  }
  case class NonEmptyStack(head: T, tail: Stack) extends Stack {
    def isEmpty: Boolean = false
    def top: T = head
    def pop: Stack = tail
  }
  case object EmptyStack extends Stack {
    def isEmpty: Boolean = true
    def top: T = ???
    def pop: Stack = ???
  }
}
```

　このような型メンバを「抽象型メンバ(*abstract type member*)」と呼びます。この Stacks は次のように使います。

```
class IntStacks extends Stacks {
  type T = Int
  val stack = EmptyStack.push(1).push(2).push(3)
  println(stack.top) // 3
}
```

　ミックスイン先でTに実際の型Intを与えてやることで、IntStacks内部では、Int型を要素とするStackが扱えるようになっています。このような使い方はジェネリクスと類似していますが、複数のクラスが同じ型を参照したい場合に抽象型メンバを使うと、ジェネリクスより便利なことがあります。

8-7 自分型アノテーション —— トレイトやクラスに継承でない依存関係をもたせる

　あるトレイトやクラスが要求するクラスやトレイトを制約として書きたいことがあります。次のように、ModuleBにModuleAへの依存関係を持たせたい場合を考えてみましょう。

自分型アノテーション ──トレイトやクラスに継承てない依存関係をもたせる | **8-7**

```scala
trait ModuleA {
  def methodA(): Unit
}

trait ModuleB {
  // ModuleAへの依存関係を持たせたい
  def methodB(): Unit = {
    methodA()
  }
}
```

　このとき、トレイト自体を継承するようにして以下のように書こうと考える
かもしれません。

```scala
trait ModuleB extends ModuleA {
  def methodA(): Unit = ???
}
```

　ただし、これでは「ModuleB is a ModuleA」という関係が成り立ってしまいま
す。実際にそうである場合はよいのですが、場合によっては、直接の継承関係
を持たせたくないことがあります。このようなとき、自分型アノテーション（*self
type annotation*）を使うことができます。

　使い方は単純で、以下のようにするだけです。

```scala
trait ModuleB{self: ModuleA =>
  def methodB(): Unit = {
    methodA()
  }
}
```

　このようにしてModuleBを定義すると、その中ではModuleAのメソッドを自
由に利用できます。ただし、ModuleBは最終的に、ModuleAを継承しているク
ラスの中に組み込まれなければインスタンス化できません。たとえば、次のよ
うなコードはコンパイルを通りません。

```scala
class ClassB extends ModuleB
```

　次のようにするとコンパイルを通ります。

247

第8章 │ 知っておきたい応用的な構文

```scala
class ClassC extends ModuleB with ModuleA {
  def methodA(): Unit = {
    println("methodA")
  }
}
```

　自分型アノテーションはトレイト間の依存関係を継承関係とは別に定義できるため、依存性の注入(DI、*Dependency Injection*)に利用できます。

8-8 メソッド引数におけるブロック式 —— メソッド呼び出しをより簡潔に記述する

　メソッドを呼び出す構文として、これまでobj.method(引数1, 引数2, ...)という形の呼び出し方を説明してきましたが、引数が1個の場合、次のようにして呼び出すことができます。

```
obj.method{引数}
```

　この形式の呼び出しは、複数の式からなる引数をメソッドに渡したいときに便利です。たとえば、同期化を行うsynchronizedメソッドは次のようにして呼び出すことができます(結果は式Nを評価した値になります)。

```
obj.synchronized {
  式1
  式2
  ...
  式N
}
```

　また、関数を引数にとる場合、obj.method((引数1, ..., 引数N) => {式1; ...; 式N})の代わりに、以下のように書くことができます。

```
obj.method{(引数1, ..., 引数N) => 式1; ...; 式N}
```

　これは、関数本体が複数の式からなるときに簡潔に書くことができるため便利です。たとえば、以下のコードはいずれも同じ意味になります。後者のほうが簡潔であることがわかるでしょう。

248

```
List(1, 2, 3).map((x) => { println(x); x + 1})

List(1, 2, 3).map{x => println(x); x + 1}
```

8-9 複数の引数リストを持つメソッド —— 部分適用を容易にする

Scalaではメソッドが複数の引数をとることがありますが、それだけにとどまらず、複数の引数リストを作ることができます。たとえば、次のようにして複数の引数リストを持ったメソッド**each**を定義できます。

```
scala> def each[T](list: List[T])(f: T => Unit): Unit = {
     |    list.foreach(f)
     | }
each: [T](list: List[T])(f: T => Unit)Unit
```

ここで定義した**each**の引数リストは(list: List[T])と(f: T => Unit)の2つです。

ここで定義したメソッドは、次のようにして呼び出すことができます(先述の「メソッド引数におけるブロック式」も参照してください)。

```
scala> each(List(1, 2, 3)){x =>
     |    println(x)
     | }
1
2
3
```

また、次のように引数リストの一部だけを適用した関数を _ を使って作ることもできます。これはあとで言及するη-expansionの一種です。

```
scala> val f = each(List(1, 2, 3)) _
f: (Int => Unit) => Unit = <function1>

scala> f{x => print(x)}
123
```

このように、引数リストの一部だけを適用して関数を作ることを「関数の部分適用」と呼びます。Scalaを含む関数型プログラミング言語では関数を別の関数

第8章 | 知っておきたい応用的な構文

に渡すということをよく行うので、メソッドから引数を部分適用した関数を作れるのは有用です。

Column

メソッドと関数の違い

ここまで、メソッドと関数の違いについてあまりはっきりと説明してきませんでした。しかし、ほかの言語はともかく、Scalaでは両者の間には明確な違いがあります。Scalaにおける関数はFunction0〜Function22というトレイトのサブクラスをそう呼んでいるだけです。

具体的なコード例を示しましょう。下記の関数subは引数の最初の1文字を除いた文字列を返します。

```
val sub: String => String = {x => x.substring(1)}
```

これは実際には以下のように書いたものと同じように扱われます。

```
val sub: Function1[String, String] = new Function1[String, String] {
  def apply(x: String): String = x.substring(1)
}
```

若干語弊はありますが、Scalaの関数は、FunctionNトレイトのサブクラスや、そのサブクラスのインスタンスを作るためのシンタックスシュガーと言っても過言ではありません。もちろん、簡単に関数を書けることは重要ですが、言語のコアの機能とそうでない機能があるとして、Scalaの関数はあまりコアの機能であるとは言えません。

一方でメソッドはScalaという言語のコアな機能です。上のsub関数に相当するメソッドは以下のようにして書くことができます。

```
def sub(x: String): String = x.substring(1)
```

このメソッドは関数と違い、さらに細かい何かの単位に分解されるということがありません。また、関数は単にFunctionNトレイトのサブクラスのインスタンスなので、関数をそのままほかの箇所に渡したりできますが、メソッドはそれ自体では値ではないため、そのようなことがで

250

きません。メソッドから関数への橋渡しとして、本節で紹介している
η-expansionが用意されているものの、本来はメソッドと関数は別々のも
のであるということは意識しておくとよいでしょう。

8-10 *η*-expansion ── メソッドを関数に変換する

　コラム「メソッドと関数の違い」で紹介したとおり、Scalaでは関数と違いメ
ソッドそのものを引数に渡すことは、本来はできません。その代わりに、ある
メソッドを対応する関数に変換する構文として、_があります。メソッドと_の
間に空白を入れることで、メソッドから関数への変換を行うことができます。
　たとえば、printlnはメソッドであり関数ではありませんが、println _と
することで関数に変換できます。以下はリストの要素を順にコンソールに出力
および改行を出力するものです。

```
List(1, 2, 3, 4, 5).foreach(println _)
```

　なお、_を省略しても意味があいまいにならない場合、_を付けたのと同じ働
きをします。次の式は正しいScalaプログラムです。

```
List(1, 2, 3, 4, 5).foreach(println)
```

　このとき、実際には次のような無名関数を渡したのと同じ結果になります。

```
List(1, 2, 3, 4, 5).foreach(x => println(x))
```

　このようにして行われるメソッドから無名関数への変換処理を「*η*-expansion」
と呼びます。

第8章 | 知っておきたい応用的な構文

8-11 名前渡し引数 —— 引数の評価タイミングを制御する

　一部の引数については、関数の定義側で、評価するかどうかを判断したいということがあります。

　典型的な例として、ユーザが`if`のような制御構造を定義することを考えてみます。素朴に考えると、次のような定義になるでしょう。

```
scala>  def if_[A](condition: Boolean)(thenClause: A)(elseClause: A): A = {
     |     if (condition) thenClause else elseClause
     | }
if_: [A](condition: Boolean)(thenClause: A)(elseClause: A)A
```

　しかし、これは思いどおりには動きません。

```
val n = 3
scala> if_(n % 2 == 1){ println("奇数") }{ println("偶数") }
奇数
偶数
```

　nが奇数なので「奇数」のみが表示されてほしいのですが、「偶数」も同時に表示されてしまっています。これは、Scalaでは引数が呼び出し前にすべて評価されるためです。

　このように引数を呼び出し前に評価する方法を「値渡し（*call by value*）」と呼び、Haskellなどの一部の例外を除き、多くの言語はこの方法を取っています。しかし、今回の例のようにそれでは不便な場合があります。Scalaはそのような場合に備えて、「名前渡し引数（*by-name parameter*）」という機能を持っています。

　この機能は、指定した引数に対して関数を呼び出したあとに必要に応じて評価するという機能ですが、ともかく例を見てみましょう。

```
scala> def if__[A](condition: Boolean)(thenClause: => A)(elseClause: => A):
A
     |    if (condition) thenClause else elseClause
     | }
if__: [A](condition: Boolean)(thenClause: => A)(elseClause: => A)A
```

　引数の型名の前に`=>`が付くのが名前渡し引数の特徴です。ここでは引数`thenClause`と`elseClause`の2つの評価を遅延させたいので、この2つを名前

渡し引数にしました。

さて、使ってみましょう。

```
val n = 3
scala> if__(n % 2 == 1){ println("奇数") }{ println("偶数") }
奇数
```

今度は「奇数」のみが表示され、意図どおりになっていることがわかります。このように、引数の評価タイミングをメソッドの定義側で変えたい場合に名前渡し引数は役に立ちます。

ところで、このようなことは、引数を持たない関数リテラルを使っても実現できます。たとえば次のようになります。

```
scala> def if__[A](condition: Boolean)(thenClause: () => A)(elseClause: ()
=>
     |   if (condition) thenClause() else elseClause()
     | }
if__: [A](condition: Boolean)(thenClause: () => A)(elseClause: () => A)A
scala> if__(n % 2 == 1){() => println("奇数") }{() => println("偶数") }
奇数
```

実は、名前渡し引数では、内部的にこのような引数を持たない関数リテラルを使ったのとほとんど同じような処理をしています。実際に使ううえではあまり必要のない知識ではありますが、知っておくのもよいでしょう。

8-12 抽出子 ── 独自のパターンを定義する

match式は、特定のデータについてcase パターンを使ってパターンにマッチするかを判定し、マッチするなら対応する式を評価するという制御構文でした。

ここで、caseのあとに書くことができるパターンをユーザが定義できます。たとえば、正の整数にマッチするパターンPositiveを次のようにして定義できます。

第8章 知っておきたい応用的な構文

```
object Positive {
  def unapply(n: Int): Option[Int] = if (n > 0) Some(n) else None
}
```

このようにして定義したパターンPositiveは次のようにして利用できます。

```
1 match {
  case Positive(_) =>
    println("1 is positive")
  case _ (_) =>
    println("1 is not positive")
} // 1 is positive
-1 match {
  case Positive(_) =>
    println("-1 is positive")
  case _ =>
    println("-1 is not positive")
} // -1 is not positive
```

このようにユーザがパターンを定義できる機能、あるいは定義されたパターンを抽出子(*extractor*)と呼びます。

抽出子を定義するには、何らかのオブジェクトあるいはクラスを定義し、そのオブジェクトやクラスにunapplyメソッドを定義します。unapplyメソッドの引数がmatch式で対象にする式になるので、matchさせたい型と引数の型を合わせます。

引数がパターンにマッチしている場合はSome、そうでない場合はNoneを返すことになっています。この例では正の整数の場合にのみマッチが成功するようにしたいので、if式で引数が0より大きいかどうか判定し、SomeかNoneを返すようにしています。

なお、この例のように値を分解せず単に条件を指定するだけならば、単にtrueかfalseを返すようにできます。

```
object Positive {
  def unapply(n: Int): Boolean = n > 0
}
```

これを使うには次のようにします。パターンにマッチした値を束縛する変数を無視するための_が出てこない点に注意してください。

254

```
1 match {
  case Positive() =>
    println("1 is positive")
  case __) =>
    println("1 is not positive")
} // 1 is positive
-1 match {
  case Positive() =>
    println("-1 is positive")
  case _ =>
    println("-1 is not positive")
} // -1 is not positive
```

　これまでに、ListやSeqという名前がパターンマッチで使えることを見てきましたが、これらは実は抽出子として定義されていたのでした。

8-13 implicitの探索範囲

　第2章で暗黙のパラメータについて解説しましたが、どのような範囲を探索して暗黙のパラメータを見つけているのでしょうか。

　型Tの暗黙のパラメータが適用される候補を探す際、コンパイラは大まかに次の範囲を探索します[5]。

- 型Tの暗黙のパラメータを仮引数とするメソッド呼び出しと同一スコープ
- インポートされたobjectのメンバ
- 型Tが定義されたパッケージのパッケージオブジェクトのメンバ
- 型TのコンパニオンオブジェクトTのメンバ
- 型Tのスーパークラス

　ここで、型TのコンパニオンオブジェクトTのメンバも探索範囲に入ることに注意してください。これを利用すると、たとえば以下のようにしてAdderのコンパニオンオブジェクトのメンバにIntAdderやStringAdderを加えること

注5）　正確にはそのほかの範囲も含まれます。より詳しく知りたい場合は、「Scala Language Specification 7.2 Implicit Parameters」を参照してください。
http://www.scala-lang.org/files/archive/spec/2.12/07-implicits.html#implicit-parameters

第8章 知っておきたい応用的な構文

で、追加の import なしに暗黙のパラメータを利用できるようになります。

```
package hoge
trait Adder[T] {
  def zero: T
  def plus(x: T, y: T): T
}
object Adder {
  implicit object IntAdder extends Adder[Int] {
    def zero: Int
    def plus(x: Int, y: Int): Int = x + y
  }
  implicit object StringAdder extends Adder[String] {
    def zero: String = ""
    def plus(x: String, y: String): String = x + y
  }
}
```

実際に使う際は以下のようになります。

```
import hoge.Adder
// 実際のScalaプログラムでは、トップレベルにメソッドの定義や式を直接書けない
def sum[T](list: List[T])(implicit adder: Adder[T]): T = list.
foldLeft(adder.zero){
  (x, y) => adder.plus(x, y)
}
// sum(List(1, 2, 3))(IntAdder)と補完される
sum(List(1, 2, 3))
// sum(List("A", "B", "C"))(StringAdder)と補完される
sum(List("A", "B", "C"))
```

このテクニックは、標準ライブラリの型クラス Numeric でも利用されています。

8-14 特殊なメソッド

本節では、メソッドとして位置付けられているものの、コンパイラによって若干特殊な扱いを受けているメソッドについて取り上げます。これらのメソッドは普段それほど使うわけではありませんが、実行時の型情報にもとづいて何かをする場合に有用です。

256

特殊なメソッド | 8-14

■ classOf —— クラス情報を取得する

classOfはクラスに対して、そのクラスを表すClass型のオブジェクトを取得するためのメソッドです[注6]。主に、実行時にクラス情報を取得して、それにもとづいてプログラミングをするために使われます。

以下の使用例では、Stringクラスの情報を取得し、そこからメソッドのリストを取得、さらにメソッド名がiで始まるメソッドの一覧を抽出したうえで、その一覧を表示しています。

```
val stringClass = classOf[String]
val methods = stringClass.getMethods.toList
val iMethods = methods.filter{_.getName.startsWith("i")}
println(iMethods)
```

■ isInstanceOf —— インスタンスが特定のクラスに属するかを判定する

isInstanceOfは、ある値について、実際のクラスが指定したものであるかどうか判定するための特別なメソッドです。

たとえば、次のようなクラスがあったとします。

```
class B
class A extends B
val b: B = new A
```

このとき、bに入っている実際のインスタンスはAクラスのインスタンスですが、そのことをチェックするためにisInstanceOfを使うことができます。たとえば、以下のようになります。

```
b.isInstanceOf[A] // true
```

bの実際のクラスがAまたはAのサブクラスでない場合、結果はfalseになります。実際のScalaプログラムでisInstanceOfを使う機会はあまりありませんが、頭の片隅に入れておいてもよいかもしれません。

注6) Javaでのクラス名.classに相当するものです。

257

第8章 | 知っておきたい応用的な構文

■ asInstanceOf ── 型のキャストを行う

asInstanceOfは、ほかの言語におけるキャストを行うための特別なメソッドです。Scalaは静的な型がある言語ですので、その安全性を壊すキャストは無闇に使うべきではありませんが、型がAnyになってしまっている場合など、キャストが必要な場合もあります。

以下では、変数anyがString型であることがわかっていることを前提として、asInstanceOfでString型にキャストして、その最初の1文字を除いた文字列を取得しています。キャストが失敗した場合ClassCastExceptionが投げられることに注意してください。

```
val any: Any = ...
val println(any.asInstanceOf[String].substring(1))
```

■ match式とisInstanceOfとasInstanceOf

isInstanceOfとasInstanceOfという2つの特殊なメソッドについて説明しましたが、実用上はこの2つのメソッドをペアで使用するときは、match式で済ませることが可能なことが多いです。たとえば、以下のコードがあったとします。

```
if (v.isInstanceOf[String]) {
  val vString = v.asInstanceOf[String]
  ...
}
```

これは、match式を用いて次のように書き換えることができます。

```
v match {
  case v: String =>
    ...
}
```

match式を使ったコードではasInstanceOfによる型変換のミスが発生しないため、match式のみで済ませられるときは極力そうするようにしましょう。

258

特殊なメソッド **8-14**

＊　＊　＊

　本章では、Scalaの本質的な機能ではないものの、実用上重要である機能を
いくつも取り上げました。特に、コンパニオンオブジェクトは頻繁に利用しま
す。また、抽出子も使いやすいライブラリを作るうえで重要です。 η-expansion
は意識して使うことは少ないですが、裏方で働いている重要な機能です。

　これらの機能の意味を知って使いこなすことができれば、Scalaプログラマー
初心者を脱したと言えるでしょう。

.

第9章
よりよいコーディングを目指して

これまでScalaの基本的な機能について学んできました。ひょっとすると、Scalaという言語が表現力豊かで、型安全性と柔軟性を両立していることに驚かれるかもしれません。実際、同じ挙動をするプログラムを書く方法は、Scalaの場合幾通りもあることがほとんどです。

そうなると、読者の中にも、「どう書くのが『正解』なのか?」と疑問に思われる方もいらっしゃるかもしれません。

技術には必ずといってよいほどトレードオフが存在します。そのトレードオフの線分上の最適解は、文脈によって変わりうるでしょう。またチームメンバーやコミュニティの習得技術に応じて、技術選択や使用する言語機能などに制約を課す必要があるかもしれません。

裏を返せば、個々の文脈において「正解」、ないしは「合理的」と言える選択は存在することになります。本章では、Scalaの標準ライブラリにおいて、どういった場合にどのような選択肢をとることが「正解」なのか、考え方の指針を紹介します。

第9章 | よりよいコーディングを目指して

9-1 可能な限り不変にする

変数宣言やコレクションにおいて、「可変」と「不変」のどちらも選択できることを学びました。Scalaでは、特別な理由がない限り「不変」にすることを推奨しています。

本節では、「可変」と「不変」のおさらいと、「不変」が推奨されている理由について解説します。

■ 可変と不変についてのおさらい

これまでに、Scalaの変数宣言には再代入可能なvarと、不可能なvalがあることを学びました。

```
scala> var i = 1
i: Int = 1

scala> i += 1

scala> i
res1: Int = 2

scala> val j = 1
j: Int = 1

scala> j += 1
<console>:12: error: value += is not a member of Int
       j += 1
         ^
```

また、Scalaのコレクションの多くは内部要素の変更が可能な scala.collection.mutableと、不可能な scala.collection.immutableが用意されていることも学びました。たとえば、不変なListとしてList[A]型がimmutableパッケージに用意されていますが、可変なList相当のものとしてListBuffer[A]がmutableパッケージに用意されています。

同じ機能を実現するうえでどちらでも使えるケースは多く存在しますが、Scalaでは可能な限りvalや不変を選択することを推奨しています。

262

可能な限り不変にする | **9-1**

■ val／不変にするメリット

なぜScalaは**val**や不変なコレクションを推奨しているのでしょうか？

最大の理由は、可変な状態は一般的にバグを生み出しやすいということです。たとえば並行プログラミングにおいて、可変な状態をスレッド間で共有することは、競合状態やデッドロックといった問題を引き起こします。また、何らかのバグに遭遇したとき、そのスコープにある可変のものはすべて疑う対象になりえます。意図せぬ値が束縛されていたことが直接的、ないしは間接的な原因になりうるからです。

可変な状態をできるだけ避けるプラクティスは、なにもScala特有のものではありません。たとえば『Effective Java』[注1]でも、再代入する必要のない変数には極力**final**修飾子を明示的につけることが推奨されています。

■ 可変の使いどころ

それでは、なぜ可変な変数**var**や可変なコレクションがScalaの言語機能として用意されているのでしょうか？

まず、コレクションの中身に頻繁に変更が生じる場合などに可変なコレクションを使用すると、メモリ使用量およびGCの頻度を削減できる可能性があることが挙げられます。

また、特定のアルゴリズムや機能を実現するにあたって、可変な変数やコレクションを使うほうが結果的に計算が早く済む場合がありえます。たとえば、次の例はScalaのコレクショントレイトの一種である**TraversableLike**内の**isEmpty**関数の実装[注2]です。

注1) Joshua Bloch, *Effective Java, 3rd Edition*, Addison-Wesley Professional, 2017, Chapter 4: Classes and Interfaces, Item 17: Minimize mutability

注2) 本書執筆当時最新のScala 2.12.7の**scala.collection.TraversableLike#isEmpty:Boolean**のソースコードを参照しています。

263

第9章 | よりよいコーディングを目指して

```
def isEmpty: Boolean = {
  var result = true
  breakable {
    for (x <- this) {
      result = false
      break
    }
  }
  result
}
```

　このisEmpty関数では、コレクションに要素が1つ以上含まれる場合はfalse
を、そうでなければtrueを返します。1つ以上の要素が含まれていればfalse
をただちに返したいですし、そのためだけにコレクションのサイズによって実
行時間が変わりうるsizeなどの関数は使用したくありません。すなわち、再代
入可能な変数resultに結果値を持たせておいて、1つ目の要素が存在した場合、
ただちにbreak注3して終了させるこの実装のほうが効率がよいことになります。

　ここで可変の変数resultはisEmpty関数内で宣言されていることに注意し
てください。このresult変数には、isEmpty関数の外部からアクセスすること
はできません。このため、可変な変数を使用しても外部から書き換わる心配が
なく、いつこのメソッドを呼び出しても戻り値は変わりません。すなわち、後
述する「参照透過性」を破壊せずに済んでいます。

9-2 式指向なスタイルで書く

Scalaでは、値を返さない「(命令)文」と、値を返す「式」のどちらも記述するこ
とができますが、式を中心に記述する「式指向」なスタイルのほうが推奨されて
います。ここでは、なぜ「式指向」なスタイルが推奨されているのかについて解
説します。

注3）　式指向を推奨するScalaは、ループ処理を脱出するbreakを言語機能ではなくscala.util.control.Breaks
オブジェクトのメソッドとして用意しています。その実装は、ただの例外のスローとキャッチです。break
は本書に示した例のように、実行速度が極めて重要な場所で、なおかつほかの方法では効率のよい実装がで
きない場合にのみ使用してください。使用したい場合はimport scala.util.control.Breaks._をして、
breakしたいループをbreakableで包む必要があることに留意してください。

■ 式指向なスタイルとは

第2章の「制御構文」で、文(*statement*)と式(*expression*)の違いについて学びました。文は値を返しませんが、式は値を返します。Scalaでは、プログラムを(命令)文の集合で表す手続き型の書き方は推奨されず、代わりに式を組み合わせて表現する式指向なスタイルを推奨しています。何かの処理を記述する際に結果値を返すように書くことが、式指向スタイルの第一歩です。

```
// 1 + 2は式
scala> val expression = 1 + 2
expression: Int = 3

// println(1 + 2)は文
scala> val statement = println(1 + 2)
3
statement: Unit = ()
```

では、なぜ式指向なスタイルが推奨されるのでしょうか?

最も大きな理由は、合成可能性(*composability*)です。式は値を返しますので、「ある式が返す値を別の式に渡す」というように複数の式を簡単に合成できます。

もう一つの大きな理由は、テストのしやすさ(*testability*)です。ある式が期待された仕様を満たしているかどうかは、想定される入力を与えた際に、期待どおりの値が返されるかどうかで簡単にテストできます。

■ 副作用に注意

Scalaでは式指向のスタイルが推奨されていること、また式指向のスタイルは(文を中心とした)手続き型のスタイルに比べ、合成可能性やテストのしやすさなどの面で有利であることを紹介しました。しかしながら、どんな式でも合成可能性やテスト可能性が十分確保されているわけではありません。計算し値を返す「以外」のことをする式は、評価されるタイミングによって返す値が変わりうるため、合成やテストを行う際に意図せぬ結果を引き起こす可能性があります。そのような振る舞いを、「副作用(*side-effect*)」と呼びます。

副作用には、式外の変数やオブジェクト、ファイルなどに変更をもたらす処理や、外部から書き換え可能な可変の変数やオブジェクトへの参照、ファイル

第9章 | よりよいコーディングを目指して

入力、例外のスローなどが含まれます。

逆に、副作用を持たない式は、どのタイミングで評価されても、必ず同じ入力(引数)に対して同じ値を返します。したがって、式をその評価値で置き換えても意味が変わりません。そのような式を「参照透過(*referential transparency*)」であるといいます。

Column

副作用の定義はまちまち?

ひょっとすると「ここで説明されている『副作用』の定義が、自分の知っているものと少し違う?」と気になった読者もいるかもしれません。

本書では、『Scala関数型デザイン&プログラミング』における「純粋関数とは、副作用を持たない関数のこと」「参照透過な引数による呼び出しが参照透過になる関数を、純粋関数と呼ぶ」という定義[注1]に準じて、「副作用とは参照透過性を破壊するものすべてを指す」と定義しました。

一方で「外部から書き換え可能な可変の変数やオブジェクトへの参照」を副作用の定義に含めるかどうかは、意見の別れるところです[注2]。

本書では「広く合意された厳密な『副作用』の定義はない」という前提のもとで、参照透過性を破壊する要素をより単純化して説明できる定義を採用しています。読者の皆さんは「副作用」という言葉の定義よりも、「どういったものが参照透過性を破壊するのか」に着目して理解してもらえると幸いです。

もし式指向や関数型プログラミングをより深く理解したいのであれば、「何を副作用とみなすかは、実際にはプログラマまたは言語の設計者が下す選択」[注3]であるという側面があることについても学ぶとよいでしょう。

注1) Paul Chiusano、Rúnar Bjarnason著／株式会社クイープ訳『Scala関数型デザイン&プログラミング ── Scalazコントリビューターによる関数型徹底ガイド』インプレス、2015年、pp.10-11

注2) たとえば、本書執筆時点のWikipediaの「Side effect」のページでは、「function without side effects can return different values according to its history or its environment, for example if its output depends on the value of a local static variable or a non-local variable respectively.（副作用を持たない関数も、その履歴や環境に応じて異なる値を返すかもしれません。たとえば、出力がローカルの静的変数や非ローカルの変数の値に依存している場合などです。）」というように、副作用の定義に外部の変数値への依存を含めていません。
https://en.wikipedia.org/wiki/Side_effect_(computer_science)#Referential_transparency （2018年9月10日閲覧）

注3) 上掲書 p.331

式指向なスタイルで書く | **9-2**

副作用の弊害

　副作用を持つ式が「評価されるタイミングによって返す値が変わりうる」とはどういうことでしょうか。

　たとえば、次のaddAndSquareで表されるようなメソッドについて考えてみましょう。このメソッドは参照透過ではありません。なぜなら、base += iおよびbase * baseという副作用を持つからです。

```
var base = 0
def addAndSquare(i: Int): Int = {
  base += i
  base * base
}
```

　このaddAndSquareは、以下のように合成する順番を変えることで、返す値が変わってしまいます。

```
// 先にaddAndSquare(1)を評価する
scala> addAndSquare(1) + addAndSquare(2)
res0: Int = 10
```

```
// 先にaddAndSquare(2)を評価する
scala> addAndSquare(2) + addAndSquare(1)
res0: Int = 13
```

　また、テストでも同様に、テストをする順番を変えることでテスト結果が変わってしまいます。

```
// addAndSquare(1)を評価したあとにaddAndSquare(2)を評価すると、9が返される
scala> assert(addAndSquare(1) == 1)

scala> assert(addAndSquare(2) == 9)
```

```
// いきなりaddAndSquare(2)を実行すると、4が返されてしまう
scala> assert(addAndSquare(2) == 9)
java.lang.AssertionError: assertion failed
  at scala.Predef$.assert(Predef.scala:151)
  ... 33 elided
```

　addAndSquareというメソッドがbase変数への参照と再代入という副作用を含んでいるため、呼び出したときのbaseの値によって評価値が変わってしまう

267

第9章 | よりよいコーディングを目指して

のです。

副作用を取り除いて参照透過にする

では、次のようにaddAndSquareの中での再代入をなくせばそれで十分でしょうか？

```scala
var base = 0
// addAndSquareの中でbaseへの再代入をなくす
def addAndSquare(i: Int): Int = {
  val newValue = base + i
  newValue * newValue
}
```

残念ながらまだbaseというaddAndSquareの外部からアクセス可能で、再代入可能な変数への参照を含んでいるため、外部からbaseに違う値を代入されてしまうと、addAndSquareが予期せぬ値を返してしまうおそれがあります。

```scala
scala> assert(addAndSquare(2) == 4)

// baseに束縛されている値が変更されると、addAndSquareが返す値も変わる
scala> base += 1

scala> assert(addAndSquare(2) == 4)
java.lang.AssertionError: assertion failed
  at scala.Predef$.assert(Predef.scala:151)
  ... 33 elided
```

外部からアクセス可能で可変な変数やオブジェクトへの参照を取り除くと、以下のようになります。

```scala
def sumAndSquare(base: Int, i: Int): Int = {
  val newValue = base + i
  newValue * newValue
}
```

これにより、このsumAndSquareメソッドは、同じ入力(ここではbaseという第1引数と、iという第2引数)を与えると常に同じ値が返ってくる参照透過なメソッドになりました。

268

避けられない副作用を分離する

　副作用はたしかに参照透過性を破壊し、合成可能性やテストのしやすさに悪影響を与えます。しかし、たとえば標準出力への print など、ソフトウェアを開発するうえで副作用は欠かすことのできないものです。

　では、どのように副作用と付き合えばよいのでしょうか？ 重要なのは、副作用を分離し、その文が副作用を含むことを明確にしてあげることです。以下の悪い例にある multiplyAndPrint では掛け算という作用と出力という副作用が混じってしまっていますが、よい例ではこれらが multiply と println に分離されていることがわかるでしょう。

```
// 悪い例。作用と副作用が混ざっている
scala> def multiplyAndPrint(left: Int, right: Int): Unit = println(left *
right)
scala> multiplyAndPrint(2, 3)

// よい例。作用と副作用を分離している
scala> def multiply(left: Int, right: Int): Int = left * right
scala> println(multiply(2, 3))
```

副作用があることをシグネチャで表明する

　このように副作用を分離したあとは、メソッドの実装を見ることなく副作用の有無を判別したいと考えることでしょう。メソッドが副作用を持つことを以下の方法で判別しやすくすることは、Scala におけるよいプラクティスだと言えます。

・println メソッドなどのように、戻り値を Unit 型にする
・メソッド呼び出し側で空の引数リスト () をつけて呼び出す（無引数メソッドでも空の引数リスト () を持つ）

　前者について注意したいのは、戻り値が Unit でない場合でも副作用を伴うことがあるという点です。たとえば、レシーバ自身の型を戻り値として返すメソッドは、副作用を持つ可能性がありえます。ListBuffer 型の += メソッド、ビルダーパターンの実装などがこれに相当します。

第9章 │ よりよいコーディングを目指して

```
def +:(elem: A): ListBuffer[A]
```

　また、後者について、逆に言えば副作用のない無引数メソッドに空の引数リ
スト()を書くことは推奨されません。これはオブジェクトのプロパティの実装
がフィールドなのかメソッドなのかを区別せず扱えるようにするためです。こ
の基本原則を「統一アクセス原則」と呼びます。

■ 式指向なスタイルに書き換えてみよう

　さて、式指向なスタイルで書く際に注意すべき「副作用」について学んだので、
続いては「与えられた値を始めと終わりとする、連続した整数の和を求めて標準
出力に表示する」という場合を例に、手続き型のスタイルを理想的な式指向のス
タイルにしていく流れを見ていきましょう。

手続き型のスタイル

　まず手続き型で「与えられた値を始めと終わりとする、連続した整数の和を求
めて標準出力に表示する」という処理を書いてみましょう。

```
def sumUpAndShow(start: Int, end: Int): Unit = {
  var current = start
  var total = 0
  while (current <= end) {
    total += current
    current += 1
  }
  println(total)
}
```

　このメソッドは仕様どおりに動作しますが、2つの問題があります。1つ目
は、戻り値を返さないので、仕様どおり動くか簡便にテストする方法がないこ
とです。そして2つ目は、可変な変数を(ローカル変数とはいえ)多用している
ため、もしバグが発生した場合に疑う場所が増えることです。先の例でいえば、
current、total の値の書き換わりや、ループの終了条件を逐一チェックする
必要があります。

270

式指向なスタイルで書く | **9-2**

副作用を分離し、テストしやすくする

　それでは、まずテストしやすいように書き換えましょう。これは簡単で、副作用である`println`を分離してあげればよいわけです。

```
def sumUp(start: Int, end: Int): Int = {
  var current = start
  var total = 0
  while (current <= end) {
    total += current
    current += 1
  }
  total
}

def show(result: Int): Unit = println(result)
```

　これにより sumUp メソッドは参照透過となり、正しい値を返すかどうかを簡単にテストできるようになりました。次のように、ある引数に対して戻り値が期待する値であることを確かめればよいわけです。

```
assert(sumUp(1, 10) == 55)
```

可変な変数を取り除く

　メソッド全体で見れば参照透過になりましたが、メソッド内部のローカル変数に可変な変数が残っています。そこで、可変な変数をできるだけ使わないよう書き換えてみましょう。まずは汎用的な方法として、再帰関数で実装してみましょう。

　再帰関数とは、関数が内部で自分自身を呼び出している関数を指します。再帰関数を使うと、ループ構造で実現していた繰り返し処理を式だけで表現できることがあります。

271

第9章 | よりよいコーディングを目指して

```scala
import scala.annotation.tailrec

def sumUp(start: Int, end: Int): Int = {
  @tailrec
  def doSumUp(current: Int, subtotal: Int): Int =
    if (current > end)
      subtotal
    else
      doSumUp(current + 1, subtotal + current)

  doSumUp(start, 0)
}
```

　ここでは、3つのことに着目してください。

　1つ目は、@tailrecアノテーションです。このアノテーションは、末尾再帰の最適化ができているかどうかをチェックし、もし末尾再帰の最適化ができていないければコンパイルエラーになります。末尾再帰の最適化とは、再帰関数が自分自身の呼び出しが関数の最後である(末尾再帰である)ときに、コンパイラが内部でスタック領域を消費しないループ構造に書き換えて(最適化して)くれることを指します。仮に末尾再帰ではない素朴な再帰関数を実行すると、スタック領域を消費しきってしまいStackOverflowErrorを投げることがあります。その場合は、末尾再帰の形に書き直せないか検討する必要があります。

　2つ目は、ローカルメソッドdoSumUpの引数です。もとの手続き型で書いたsumUpメソッドのvarで宣言された変数2つを引数としましたが、第2引数subtotal: Intは再帰関数で計算結果を保持させる働きがあることに注目してください。このように、計算結果を蓄積するための引数を特にアキュムレータ(*accumulator*)と呼びます。

　3つ目は、sumUpメソッド内部では可変の変数varも可変コレクションもまったく登場しないことです。これによりデバッグが容易になります。

　しかしながら、ローカルメソッドを定義するなど、先の手続き型とは別種の複雑さを導入してしまったように感じるかもしれません。実際、『関数プログラミングの楽しみ』[注4]では、再帰は関数プログラミング[注5]におけるアセンブリ言語に相当する、と書かれています。再帰関数は、このあと見ていくようにほかの

注4) Jeremy Gibbons、Oege de Moor編／山下伸夫訳『関数プログラミングの楽しみ』オーム社、2010年、p.45
注5) この文脈では「副作用がよく分離された、式指向プログラミングを推奨するパラダイム」と読み替えていただいてかまいません。

そのほかのTips | **9-3**

関数やメソッドの組み合わせで簡潔に表現できないときに使用する次善策として考えるのがよいでしょう。

より高次の関数で簡潔に書き換える

今回のsumUpメソッドも、実はコレクションの便利メソッド群を使うことで簡潔に書くことができます。

ここでは「与えられた値を始めと終わりとする、連続した整数」の数列をRange型の値を返すtoメソッドで、「（その数列の）和」をRange型の値のメソッドsumでそれぞれ求められます。

```
def sumUp(start: Int, end: Int): Int = (start to end).sum
```

簡潔で、かつ合成可能性やテスト可能性の高いコードになりました。

今回の例でも最初に使っていたwhile文や、do-while文、および（yieldのない）for文は値を返しません[注6]。実際のところ、Scalaを書き慣れてくるとwhileやdo-whileはほとんど使わなくなってくると言って差し支えないでしょう。while文やdo-while文を使わなければいけないのはごく一部のケースで、ここまで解説したように再帰的なメソッドや、Scala標準のコレクションのメソッドを使用するなどの方法で書くことが多いです。ほとんどの場合はそのほうが読みやすく、合成やテストがしやすいなど取り回しがよいからです。

yieldのないfor文についても、使わなければいけないケースはそれほど多くないと言えます。もし何か副作用を目的とする場合でも、たいていの場合はyield付きのfor式を使って戻り値を得て、その戻り値に対して副作用のある関数を呼び出す、という書き方をするほうが取り回しがよいでしょう。

9-3 そのほかのTips

最後に、Scalaでプログラミングするうえで、そのほかに注意してほしいことを解説します。

注6）第2章で解説したとおり、whileなどは正確には「何もない」ことを表すUnit型の値()を返す式ですが、式指向の文脈では文として扱うほうが実態に即しているため、ここでは文として扱います。

第9章 | よりよいコーディングを目指して

■ early return を避ける

第2章で見たとおり、Scalaではブロック式が式として値を返すために明示的なreturnを書くことがほとんどありません。returnが有効なのは処理を早期に終了させることで処理速度や可読性が上がる場合で、値を返すことを目的に使う必要はないからです。

特に、関数リテラルから作られる関数オブジェクト内でreturnを使用すると、バイトコード上で例外のthrowとcatchとして解釈されるため、あまり効率が良くないことに注意してください。実行頻度の高い場所で、この種のreturnを使用すると性能に悪影響を与えます。

```
// 悪い例。returnがバイトコードでは例外のthrowとして解釈される
(-10 to 10).foreach { i =>
  if (i < 0) return
  println(s"$iは正の数")
}
```

■ 型注釈との付き合い方

Scalaでは型注釈を省略できることも学びました。それでは、どういった場合に型注釈をつけて、どういった場合に型注釈を省略するべきなのでしょうか?

まず、クラスやオブジェクトの公開メンバは、型注釈を常につけるべきでしょう。型注釈をつけることで、そのメンバが何を表すかわかりやすくなります。その意味において、型注釈はドキュメントのようなものです。逆に言えば、ローカルな変数やローカル関数・メソッドの戻り値は、多くの場合明示する必要がありません。大雑把には、これらの指針に従えばよいでしょう。

以降では、こうした指針以外で特に型注釈をつけるべき場合と、その理由について解説します。

実装型を隠蔽したいとき

実装型を隠蔽したいときに型注釈は有効です。

たとえば、あるメソッドがコレクションを戻り値で返す場合のことを考えてみましょう。

そのほかのTips | 9-3

この戻り値の型に註釈がついていない場合、そのときのコレクションの実装型がそのままメソッドの戻り値となります。つまりListを実装型として返すメソッドであれば戻り値がListになりますので、ひょっとするとそのメソッドのユーザは、::抽出子などのListの実装そのものに依存するコードを書いてしまうかもしれません。その場合、もし実装型がListからVectorに変更された場合、先ほどのListの実装に依存したコードは正常に動作しなくなりますので、変更の影響範囲が不必要に広くなってしまいます。

「このメソッドの戻り値の型はSeqである」と明示的に注釈がついていれば、利用側はSeq型にのみ依存するコードを書くことが期待されます。すなわち、もし実装型がListからVectorに変わったとしても、その影響を最小限に保つことができるのです。

Unit型を返すとき

同様の理由により、Unit型を返すことを期待する関数にも型注釈をつけるべきでしょう。もし戻り値の値に意味を持たない関数だとしても、うっかりUnit型以外の値を関数の最後で返してしまうと、不要な混乱を招きます。

戻り値の型をUnit型と宣言するとその関数が返した値は捨てられますので、関数が意図せぬシグネチャになったり、意図しない戻り値を利用側が使用してしまったりという問題を防ぐことができます。

明示的にある型の値を要求したいとき

また、何らかの型の値を明示的に要求したい場合にも型注釈は有効です。

たとえば第5章で紹介したパターンマッチ無名関数のリテラルは、FunctionN型ないしはPartialFunction型の値を明示的に要求されている場所で使うことができます。しかし、型注釈のない変数束縛では明示的に要求されていると判断されないため、コンパイルエラーとなることに注意してください。

275

第9章 よりよいコーディングを目指して

```
scala> val pf: PartialFunction[String,Int] = {
     | case x if x.nonEmpty => x.length
     | }
pf: PartialFunction[String,Int] = <function1>

scala> val pf = { case x if x.nonEmpty => x.length }
<console>:11: error: missing parameter type for expanded function
The argument types of an anonymous function must be fully known. (SLS 8.5)
Expected type was: ?
       val pf = { case x if x.nonEmpty => x.length }
                ^
```

暗黙の値と関数

　ローカル変数や関数である場合を除き、暗黙の値や関数には常に型注釈をつけるべきです。

　というのも、Scalaコンパイラが**implicit**の解決をする際に、型注釈がついていない暗黙の値や関数を発見することに失敗することがあるバグがすでに報告されています。その回避策として、暗黙の値や関数には常に型注釈をつけるようにScalaコンパイラの開発者たちは推奨しています。

＊　＊　＊

　本章では、Scalaが値を返す「式指向」なスタイルを推奨していることについて学びました。式指向なスタイルは、手続き型のスタイルと比較して合成可能性とテストのしやすさの面で優れています。また、可変な変数／オブジェクトへの参照などの副作用は式の参照透過性を破壊するため、評価されるタイミングにより値が変わる可能性があり、合成やテストの際に注意が必要であることについても学びました。

　ここまで学んだ指針は多くの場合において「正解」とされますが、「正解ではない」書き方を選ぶことは間違いで、絶対に避けるべき、とまでは思わないでください。

　私見ですが、Scalaに限らず、初学者は最初から「正解」にこだわる必要はないと思います。学びには終わりがありません。最初から「正解」にこだわって、むしろ学習速度が落ちては本末転倒です。「間違い」を恐れず、どんどんコード

そのほかの Tips | 9-3

を書いていきましょう。そのうえで、さまざまなOSSのコードリーディングや
同僚のレビューを受けながら、言語機能や概念を学び改善していくのが学習の
近道です。

おわりに

　本書では、ほかのプログラミング言語でのプログラミング経験がある方を対象に、Scalaや周辺ライブラリ、ビルドツール、テストなどについて一通り解説しました。ただし、あくまでも本書で解説している内容は概要であって、説明しきれなかったことはたくさんあります。

　たとえば、Scalaがよく使われる場面の一つにWebアプリケーションの開発があり、その際にはほかの言語と同様、Webアプリケーションフレームワークを使うことでしょう。Scalaでは開発元のLightbend社が開発しているPlay FrameworkがデファクトスタンダードのWebフレームワークとなっていますが、この利用方法については本書では触れていません。これは本書がScalaという言語自体の習得にフォーカスしているためです。

　本書の内容をある程度学ばれた方はすでに簡単なScalaプログラムについては問題なく書けるようになっているはずです。ここからは以下で紹介する資料を参考に、さまざまな方向にスキルを伸ばしてもらえれば幸いです。

＊　　＊　　＊

　先ほど述べたように、本書で扱いきれなかったテーマはたくさんあります。ここでは皆さんの今後の学びの助けになるように、本書を執筆するにあたって参考にした資料や読者の皆さんに参考になるであろう資料(Webサイトを含む)を紹介しておきす。

■日本語の書籍

『Scala スケーラブルプログラミング 第3版』

書籍サイト：https://book.impress.co.jp/books/1116101021

　『Programming in Scala』という洋書の翻訳です。国内では、その表紙から「コップ本」という名称で親しまれています。Scala設計者のMartin Odersky先生らが書かれているため、Scalaのバイブルとして有名です。Scalaのバイブルだけあって、Scalaの言語機能について一通り詳しく解説しています。Javaプログラマのための Scala での関数型プログラミングへのマイグレーションガイドとしての側面もあり、Scalaプログラマなら一冊持っておくべき書籍です。分量の多さや、一通りの内容を網羅しているためか、難解であると言われることもあります。本書を読んだあとにコップ本を読むとより深く内容が理解できると信じています。

『Scala 関数型デザイン＆プログラミング —— Scalaz コントリビューターによる関数型徹底ガイド』

書籍サイト：https://book.impress.co.jp/books/1114101091

　『Functional Programming in Scala』という洋書の翻訳です。Scalaz という有名な Scala ライブラリのコントリビューターらによって書かれた、Scala で関数型プログラミングをすることを徹底追求した本です。Scala でディープな関数型プログラミングの世界に触れたい人は読んでみるとよいかもしれません。Scala で一般的なスタイルとはやや違い、徹底して副作用を排除する純粋関数型プログラミング的なスタイルを貫いているので、この書籍で解説されている手法をそのまま現場での Scala プログラミングに持ち込むのには注意が必要です。

『Akka 実践バイブル アクターモデルによる並行・分散システムの実現』

書籍サイト：https://www.shoeisha.co.jp/book/detail/9784798153278

　『Akka in Action』という洋書の翻訳です。Akka は Scala で書かれた並列・分散処理フレームワークです。この書籍では Akka の応用も含めた詳細な解説が読めます。Akka そのものや Akka ベースのライブラリがさまざまなところで利用されており、Play Framework のユーザも応用レベルでは Akka への理解が必要

となることもあります。Akkaそのものを直接使うユーザだけでなく、多くの方の助けとなる書籍でしょう。

『Scala逆引きレシピ』

書籍サイト：https://www.shoeisha.co.jp/book/detail/9784798125411

　Scala製のGitHubクローンであるGitBucketなど、多数のOSSを開発した方としても有名な竹添直樹さんらの書籍です。著者の現場経験に基づいたアドバイスを逆引き形式で解説しています。Scala 2.10時代の本ですので、特にライブラリ／フレームワークに関する記述は古くなっており注意して読む必要がありますが、コーディングに関するアドバイスは今でも通用するものが多くあります。

『Scalaパズル 36の罠から学ぶベストプラクティス』

書籍サイト：https://www.shoeisha.co.jp/book/detail/9784798145037

　洋書『Scala Puzzlers』の日本語訳です。先ほど紹介した『Scala逆引きレシピ』の竹添直樹さんらが翻訳しています。内容はというと、Scalaの機能を悪用（？）した、わかりにくいScalaプログラムの挙動に関するクイズ集です。これらのクイズの解説をとおして、Scalaへの理解をより深められるようになっています。Javaの世界で有名な『Java Puzzlers』をご存じの方には、そのScala版といえばわかりやすいかもしれません。

■ 英語の書籍

『Essential Scala』

URL：https://underscore.io/books/essential-scala/

　フリーで公開されているScala入門書です。オブジェクト指向プログラミングや関数型プログラミングにある程度慣れていることが前提であることに注意してください。

『sbt in Action: The simple Scala build tool』

書籍サイト：https://www.manning.com/books/sbt-in-action

　sbtの解説書です。おそらく、sbtにのみフォーカスした書籍としては唯一で

はないかと思います。出版当時のsbtのバージョンと今とで異なっている箇所もありますが、基本的な設計思想は大きく変わっていないため、今でも通用する内容は多いでしょう。英語が苦手でなく、後述の「sbt Reference Manual」では理解しきれなかったという方は、この書籍をあたってみるとよいかもしれません。

■ 公式ドキュメント

Scala Language Specification
URL：https://scala-lang.org/ les/archive/spec/2.12/

Scalaの言語仕様書(現在の最新版は2.12)です。完全に言語仕様を網羅できているわけではありませんが、書籍などだけではわからない細かい挙動も書かれているので、Scalaプログラムがコンパイルできない、Scalaプログラムの動作が変だ、といった状況でどうにも原因がわからないときに助けとなるかもしれません。言語仕様書は一般的なリファレンスマニュアルより厳密な書き方になっているので、この手のものを読んだ経験がない方は、読むのに少し慣れが必要かもしれません。

Scala Standard Library
URL：https://www.scala-lang.org/api/current/

Scaladoc形式で提供されている、Scala標準ライブラリのAPIリファレンスです。このURLで最新安定版(現在Scala 2.12)のAPIリファレンスを読むことができます。Scala標準ライブラリの挙動がわからなくなったり、どんなメソッドがあるか忘れたときは、真っ先にこちらを参照しましょう。

sbt Reference Manual
URL：https://www.scala-sbt.org/1.x/docs/index.html

sbtのリファレンスマニュアルです。本書で解説しきれなかった細かい動作も含めて解説してあります。複雑なビルド設定を書く必要に迫られた場合やsbtプラグインを作る必要がある場合などに、必要に応じて参照するとよいでしょう。

281

sbt Reference Manual - Community Plugins

URL：https://www.scala-sbt.org/1.x/docs/Community-Plugins.html

　sbtプラグインの中で、コミュニティリポジトリで公開されているプラグインの一覧です。欲しいsbtプラグインを探すときはまずこのサイトを見ましょう。

Scaladex

URL：https://index.scala-lang.org/

　Scalaライブラリやフレームワークなどを検索するためのサービスです。ライブラリやフレームワークを探すときに役立ちます。

Scastie

URL：https://scastie.scala-lang.org/

　Scalaプログラムの動作をWeb上で確認できるサイトです。手元にScala処理系がない場合や、Scalaプログラムをほかの人と共有したい場合などに役立ちます。Scalaのバージョンや依存ライブラリの指定、sbtの設定まで書けるので、依存ライブラリが必要な大きめのコード片を共有するのにも使えます。エディタもシンタックスハイライトやインデント、コードフォーマッティングといった基本機能を備えているため、非常に便利です。

■オープンソースライブラリ

　近年、各分野の主要なライブラリなどを一覧にまとめる活動が活発になっています。プログラミング言語をはじめとするさまざまな切り口でキュレーションされたものが「Awesome ○○」のようなタイトルで公開されています。このようなキュレーション活動はAwesome Lists[注1]とよばれています。

　Scalaにも「Awesome Scala」[注2]が存在しており、執筆時点でこのリストの中で特に有力なものとして太字表示されているもの[注3]で、読者の皆さんがさっそく探すであろうジャンルのもので主要なものをここでいくつか紹介しておきます。

注1）　GitHubリポジトリとして作られることが多く、GitHub社も公式でリストを簡単に探せる一覧ページを提供しています。
　　　https://github.com/topics/awesome-list
注2）　https://github.com/lauris/awesome-scala
注3）　太字表示の基準はGitHubスター数500以上で、このスター数はScalaのライブラリの中ではかなり多い方であることを意味します。

Webフレームワーク

Awesome Scalaの「Web Frameworks」「HTTP」のリストから太字のものを
ピックアップしました。ScalaのフレームワークはAkkaかFinagleをベースに
したものが多いですが、Lift、Scalatra、Unfiltered、Skinny FrameworkはServletベースの実装を持っています。用途や好みに合わせて、いろいろ試してみるとよいでしょう。

- **Play Framework**[注4]
  Lightbend社が開発しているデファクトスタンダードとして広く普及している
  フレームワーク
- **Scalatra**[注5]
  Scala黎明期から長く開発されているRubyのSinatraにインスパイアされた
  フレームワーク
- **Finatra**[注6]
  Twitter社が開発したFinagleをベースとしたRubyのSinatraにインスパイア
  されたフレームワーク。FinagleプロジェクトはHTTP APIの実装に特化した
  Finchというライブラリも開発している
- **Lift**[注7]
  Scala黎明期にFoursquare社が採用して話題となりPlay登場までは代表的な
  存在だった、現在も機能追加が続いている多機能なフレームワーク
- **Colossus**[注8]
  Tumblr社が開発したハイパフォーマンスなマイクロサービス向けフレーム
  ワーク
- **Unfiltered**[注9]
  Scalaの黎明期にNew Yorkのコミュニティ発祥で生まれた、簡潔なAPIと豊
  かな表現力を持ったフレームワーク

注4) https://www.playframework.com/
注5) http://scalatra.org/
注6) https://twitter.github.io/finatra/
注7) https://liftweb.net/
注8) http://tumblr.github.io/colossus/
注9) http://unfiltered.ws/

- **Skinny Framework**[注10]

  Scala on RailsをコンセプトにRuby on Railsが実現した利便性・柔軟性を
  Scalaで追求したフレームワーク

　また、Webフレームワークというわけではありませんが、RubyのRackや
PythonのWSGIのようなHTTPの基本的なインタフェースの定義を目指した
http4s 　[注11]というプロジェクトもあり、このプロジェクトはそのような標準
インタフェースとその実装も提供しています。まだ開発中のものであり、本書
執筆時点でScalaにおける言語としての標準として採択されているわけではな
いですが、興味があれば調べてみてください。

データベース（RDB）ライブラリ

　Awesome Scalaの「Database」のリストから太字のものをピックアップしまし
た。Scalaのデータベース（RDB）ライブラリはどれもJavaの標準APIである
JDBC（*Java Database Connectivity*）をベースに実装されています。

- **Slick**[注12]

  Lightbend社が開発しているScalaらしいAPIで記述できるライブラリ
- **Quill**[注13]

  Quoted DSLの中に記述されたScalaらしいAPIをコンパイル時に展開する
  ことで安全かつ高速な処理を実現しているライブラリ
- **ScalikeJDBC**[注14]

  「Scalaライクに」JDBCを扱うことと、学習コストの低さ、柔軟性、後方互
  換性を重視したライブラリ

注10) http://skinny-framework.org/
注11) https://http4s.org/
注12) http://slick.lightbend.com/
注13) http://getquill.io/
注14) http://scalikejdbc.org/

- **Doobie**[注15]

  Cats[注16]というライブラリの利用を前提としており、純粋関数型を指向したライブラリ

- **Squeryl**[注17]

  Scala黎明期から開発が続けられている、簡潔な記述と型安全性の共存を重視したライブラリ

テンプレートエンジン

HTMLページやメールのボディなどを組み立てるにあたり、文字列補間でも可能ですが、やはりテンプレートエンジンを使いたいというケースもあるでしょう。

- **Twirl**[注18]

  Play Framework標準のテンプレートエンジン。Playを使っていない場合も利用可能

- **Scalate**[注19]

  Scala黎明期から開発が続けられているテンプレートエンジン。Mustacheや Haml(の方言)などさまざまな記法に対応

ソースコードフォーマッタ

ソースコードの自動フォーマッタを使う慣習はScalaコミュニティでは広く普及しています。フォーマッタを使えば、誰が書いても同じコードスタイルになり、コードレビューで本質的でない指摘をする必要がなくなりますので、チーム開発ではぜひ使ってみてください。sbtプラグインを設定して、コンパイル実行時にソースコードを自動でフォーマットするようにしておくと便利でしょう。

以下に2つのフォーマッタを紹介しておきます。本書執筆時点ではどちらの

注15) https://tpolecat.github.io/doobie/

注16) Catsは関数型プログラミングのために必要な抽象化を提供するライブラリで、より歴史を持つ同種のライブラリとして Scalaz もあります。
https://typelevel.org/cats/

注17) http://squeryl.org/

注18) https://www.playframework.com/documentation/latest/ScalaTemplates

注19) https://scalate.github.io/scalate/

フォーマッタも広く使われていますが、どちらかというとScalafmtのほうがアクティブに開発が続けられている状況です。

- Scalafmt[注20]
- scalariform[注21]

テストライブラリ

　基本的なテストライブラリについては、第7章でScalaTest、specs2、ScalaCheckを紹介していますので、そちらを参照してください。それ以外だとGatlingという負荷テストを行うためのライブラリも有名です。

JSONライブラリ

　JSONは広く普及したデータフォーマットであり、扱う機会は多いでしょう。かつてはScalaの標準APIにJSONを扱うモジュールが存在しましたが、処理性能があまりよくなく、積極的に開発が継続されていなかったため、現在は標準APIからオプショナルのモジュールとして切り離されており、将来のリリースでメンテナンスが終了予定です。代わりにサードパーティのライブラリが複数存在しています。Awesome Scalaの「JSON」のリストを参照してください。

分散システム

　分散システムの実装は、Scalaの利用用途としてホットな領域の一つです。この領域の基盤となるライブラリとしてAkkaとFinagleを紹介します。

　先に書籍『Akka実践バイブル』の紹介でも触れましたが、AkkaはScalaの代表的なOSSです。Akkaはアクターモデルの実装を提供するライブラリとして開発が始まりましたが、現在はストリーム処理の基盤を提供するモジュールも提供しており、これも広く利用されるようになっています。先ほどWebアプリケーション開発のデファクトスタンダードであると紹介したPlay Frameworkでも、Akkaのモジュールの一つであるAkka HTTPがそのコア部分として利用されています。

注20) https://scalameta.org/scalafmt/
注21) https://github.com/sbt/sbt-scalariform

もう一つ分散システムを実装するうえでは有力な候補は、Twitter社が開発したFinagle[注22]です。こちらもFinagleConというカンファレンスが開催されるほどTwitter社以外でも広く利用されているライブラリです。

データ分析・機械学習

　Scalaはデータ分析・機械学習の領域でかなり利用されている言語でもあります。この領域においてApache Spark[注23]の知名度と人気は圧倒的です。Sparkはそれ自体がScalaで実装されているため、ScalaのAPIがプライマリAPIとして充実しています。Spark以外にもさまざまなライブラリが公開されているので、興味のある方は調べてみてください。

注22）https://twitter.github.io/finagle/
注23）https://spark.apache.org/

索引

記号

_（η -expansion） ·············· 251
_（インポート） ················· 90
_（初期値） ······················ 58
_（パターンマッチ） ············ 77
_（プレースホルダ構文） ········· 132
-（Map） ·························· 148
--=（Map） ······················ 149
-=（Map） ························ 148
-=（Set） ························· 144
::（パターンマッチ） ············ 76
:+（Seq） ························ 130
??? ······························ 49
.sbtopts ························· 203
() ························· → Unit
{} ··················· →ブロック式
@Ignore ·························· 222
@tailrec ························· 272
%（sbt） ·························· 201
%%（sbt） ························· 193
+（Map） ·························· 148
+（Set） ·························· 144
+:（Seq） ························· 130
++（Map） ························· 148

++（sbtコマンド） ··············· 185
++（Seq） ························· 130
++（Set） ························· 144
++=（Map） ······················· 149
+=（Map） ························· 148
+=（Set） ························· 144
~（sbtコマンドの接頭辞） ·········· 197

数字

16ビット符号付き整数　　→ Short
16ビット符号なし整数　　→ Char
32ビット符号付き整数　　→ Int
32ビット浮動小数点数　　→ Float
64ビット符号付き整数　　→ Long
64ビット浮動小数点数型　→ Double
8ビット符号付き整数　　　→ Byte

A

abstract ······················ 60, 85
after ··························· 221
afterAll ························· 221
Akka ······························· 4

andThen ⋯⋯ 172

Any ⋯⋯ 47

AnyRef ⋯⋯ 47

AnyVal ⋯⋯ 47

App ⋯⋯ 19, 196

apply ⋯⋯ 65

apply（Either）⋯⋯ 111

apply（Future）⋯⋯ 163

apply（Map）⋯⋯ 146

apply（Option）⋯⋯ 104

apply（Seq）⋯⋯ 128

apply（Set）⋯⋯ 143

apply（Try）⋯⋯ 116

ArrayBuffer ⋯⋯ 141

asInstanceOf ⋯⋯ 258

asJava ⋯⋯ 151

asScala ⋯⋯ 151

assert ⋯⋯ 210

assertThrows ⋯⋯ 210

AsyncFunSuite ⋯⋯ 225

Await ⋯⋯ 176

Awaitable ⋯⋯ 176

B

before ⋯⋯ 221

beforeAll ⋯⋯ 221

BeforeAndAfter ⋯⋯ 220

Boolean ⋯⋯ 46

build.properties ⋯⋯ 185

build.sbt ⋯⋯ 187

Byte ⋯⋯ 42

C

case ⋯⋯ 68, 75, 253

catch ⋯⋯ 81

Char ⋯⋯ 44

class ⋯⋯ 56

classOf ⋯⋯ 257

collect ⋯⋯ 241

compile（sbt コマンド）⋯⋯ 196

console（sbt コマンド）⋯⋯ 36, 195

contains ⋯⋯ 143

crossScalaVersions（sbt キー）⋯⋯ 188

D

def ⋯⋯ 24, 57

deprecation（scalac オプション）

⋯⋯ 189

describe ⋯⋯ 213

Double ⋯⋯ 45

drop ⋯⋯ 132

dropRight ⋯⋯ 132

dropWhile ⋯⋯ 132

289

E

Either ·················· 111, 215

EitherValues ··············· 217

else ·························· 71

enrich my library パターン ·········· 93

ExecutionContext ············ 166

extends ······················ 60

F

failed ····················· 167

failed.foreach ············· 117

Failure ···················· 116

false ·················· → Boolean

feature (scalac オプション) ········· 190

filter ·················· 31, 133

flatMap ···················· 32

flatMap (Future) ············ 168

flatMap (Option) ············ 106

flatMap (Seq) ·············· 135

flatMap (Try) ·············· 118

flatten ·················· 135

Float ····················· 45

foldLeft ·················· 136

foldRight ················· 136

for ··············· 31, 73, 153, 170, 273

forAll ··················· 236

foreach (Either) ··········· 112

foreach (Future) ············ 173

foreach (Option) ············ 105

foreach (Try) ·············· 117

FunctionN ············· 26, 250

FunSpec ·················· 213

FunSuite ·············· 210, 212

Future ··············· 162, 225

G

get (Map) ·················· 147

get (Option) ··············· 105

getOrElse (Either) ··········· 113

getOrElse (Map) ············· 147

getOrElse (Option) ··········· 108

getOrElse (Try) ············· 119

H

HashMap ·················· 150

HashSet ·················· 145

head ····················· 128

headOption ················ 129

help ····················· 198

I

if ···················· 27, 71

ignore	222	last	128
immutable	→不変	lazy	22, 84
implicit	→暗黙のパラメータ	Left	111
implicit conversion	→ 暗黙の型変換	left.foreach	112
import	90	left.map	113
init	129	libraryDependencies（sbtキー）	192
Int	41	Lightbend	5
IntelliJ IDEA	15	List	140
invokePrivate	223	ListBuffer	141
isDefined	105	ListMap	150
isInstanceOf	257	ListSet	146
		Long	42

J

Java仮想マシン	→JVM	
JDK	10	
JRE	10	
JVM	10	
JVM起動オプション	182	

M

main	19, 196
map	31
Map	124, 146
map（Either）	113
map（Future）	168
map（Option）	106
map（Seq）	134
map（Try）	118
match	29, 53, 74, 253
merge	114
mock	228
Mockito	227
MockitoSugar	228

K

keys	147

L

language:implicitConversions （scalacオプション）	190

291

mutable	→可変

N

name（sbtキー） ⋯⋯⋯⋯⋯⋯ 187

None ⋯⋯⋯⋯⋯⋯⋯⋯ 29, 104

Nothing ⋯⋯⋯⋯⋯⋯⋯⋯ 49

Null ⋯⋯⋯⋯⋯⋯⋯⋯⋯ 48

O

object ⋯⋯⋯⋯⋯⋯⋯⋯ 65

onComplete ⋯⋯⋯⋯⋯⋯⋯ 164

Option ⋯⋯⋯⋯⋯ 29, 102, 215

OptionValues ⋯⋯⋯⋯⋯⋯ 216

organization（sbtキー） ⋯⋯⋯⋯ 188

OutOfMemoryError ⋯⋯⋯⋯ 203

P

package ⋯⋯⋯⋯⋯⋯⋯ 88

PartialFunction ⋯⋯⋯⋯⋯ 172

Play Framework ⋯⋯⋯⋯⋯ 4

println ⋯⋯⋯⋯⋯⋯⋯ 24

private ⋯⋯⋯⋯⋯ 25, 83, 223

PrivateMethodTester ⋯⋯⋯⋯ 223

PropertyChecks ⋯⋯⋯⋯⋯ 236

protected ⋯⋯⋯⋯⋯⋯⋯ 83

public ⋯⋯⋯⋯⋯⋯⋯ 25, 82

R

Range ⋯⋯⋯⋯⋯⋯⋯ 273

ready ⋯⋯⋯⋯⋯⋯⋯ 176

recover（Future） ⋯⋯⋯⋯⋯ 174

recover（Try） ⋯⋯⋯⋯⋯⋯ 118

recoverToSucceededIf ⋯⋯⋯⋯ 226

recoverWith（Future） ⋯⋯⋯⋯ 174

recoverWith（Try） ⋯⋯⋯⋯⋯ 118

reduceLeft ⋯⋯⋯⋯⋯⋯ 138

reduceRight ⋯⋯⋯⋯⋯⋯ 138

reload（sbtコマンド） ⋯⋯⋯⋯ 195

REPL ⋯⋯⋯⋯⋯⋯⋯ 18, 195

result ⋯⋯⋯⋯⋯⋯⋯ 176

return ⋯⋯⋯⋯⋯⋯ 70, 274

reverse ⋯⋯⋯⋯⋯⋯⋯ 133

Right ⋯⋯⋯⋯⋯⋯⋯ 111

right.map ⋯⋯⋯⋯⋯⋯ 113

run（sbtコマンド） ⋯⋯⋯⋯⋯ 196

S

sbt ⋯⋯⋯⋯⋯⋯⋯ 35, 180

SBT_OPTS ⋯⋯⋯⋯⋯ 182, 203

sbt-assembly ⋯⋯⋯⋯⋯ 202

sbtキー ⋯⋯⋯⋯⋯⋯ 199, 204

sbt コマンド	195, 199
sbt シェル	182, 195
sbt プラグイン	201, 204
Scala Style Guide	24
scala-compiler.jar	35
scala-library.jar	20, 35
scalac	19, 34, 189
ScalaCheck	207, 235
scalacOptions（sbt キー）	189
Scaladoc	33
ScalaMatsuri	15
ScalaTest	207, 208
scalaVersion（sbt キー）	36, 188
Seq	124, 127
Set	124, 143
Short	43
size	147
Some	104
Some[Int]	29
sortBy	133
sorted	133
specs2	207, 214
Stream	141
String	49
string interpolation	→ 文字列補間
stripMargin	51
Success	116
successful	167

sum	273
synchronized	159

T

tail	129
take	130
takeRight	130
takeWhile	131
test（sbt コマンド）	198
test（ScalaTest）	210
testOnly（sbt コマンド）	198
testQuick（sbt コマンド）	198
thenReturn	229
throw	81
Throwable	81, 116
to	273
toMap	139
toSet	139
trait	61
TreeMap	150
TreeSet	146
true	→ Boolean
try	81
Try	116, 164, 215
TryValues	217
type	245
Typesafe	→ Lightbend

U

unapply ···················· 254

unary_ ······················ 67

Unit ············· 24, 47, 269, 275

update ······················ 66

update（Seq）················ 140

V

val ····················· 21, 262

value ······················ 216

Value Object ················ 69

values ······················ 147

var ····················· 21, 262

Vector ······················ 140

verify ······················ 229

W

when ······················ 229

whenever ················· 237

while ················· 30, 72, 273

with ························ 62

WordSpec ················· 214

Y

yield ····················· 74, 153

Ywarn-unused:imports
（scalacオプション）············ 191

Ywarn-value-discard
（scalacオプション）············ 191

ア行

アーティファクトID ············ 188

アキュムレータ ················ 272

アクセス修飾子 　　→修飾子

値クラス ···················· 243

値渡し ······················ 252

暗黙クラス ··············· 93, 244

暗黙の型変換 ················· 91

暗黙の型変換 ················· 191

暗黙のパラメータ ·········· 94, 255

η -expansion ················ 251

依存性の注入 ················· 248

インストール（sbt）············· 182

インストール（Scala）··········· 18

インポート ··················· 90

エスケープ ··················· 44

オブジェクト ················· 65

カ行

ガード ················· 30, 77, 155

型 ····················· 21, 40

294

型階層	40	サブタイプ	40
型推論	21	差分コンパイル	181
型注釈	274	三項演算子	28, 71
型パラメータ	86	参照透過	266
型メンバ	53, 245	ジェネリクス	86
可変	126, 262	ジェネレータ	73
関数	26, 250	式	69, 264
関数オブジェクト	26	自分型アノテーション	246
関数型プログラミング	7	修飾子	82
完全修飾名	90	条件分岐	27, 71
競合状態	159, 263	真偽値	→Boolean
共変	108	数値	41
クラス	25, 54	スーパータイプ	40
クラスパス	8, 180	スコープ（ビルド）	200
クラスパラメータ	56	スタブ	227
グループID	188	ソース互換性	180
継承	59	束縛	22
ケースクラス	67		
合成可能性	265		
コールバック	164		
コンストラクタ	56		
コンパイル	19, 180, 196		

コンパニオンオブジェクト

.... 68, 240, 255

サ行

再帰関数	76, 271

タ行

多態性	61
畳み込み	136
タプル	52
抽出子	253
抽象型メンバ	246
ディレクトリ構成	185, 209
テスト	206
テストダブル	227

テストのしやすさ …… 265	不変 …… 7, 126, 262
テストフレームワーク …… 207	プライマリコンストラクタ …… 56
デッドロック …… 160, 263	プレースホルダ構文 …… 132
デフォルト引数 …… 242	ブロック式 …… 70, 248
トレイト …… 61, 96, 219	プロパティベーステスト …… 235
	文 …… 69, 264
	並行プログラミング …… 158

ナ行

名前空間 …… 88	変位指定アノテーション …… 108
名前付き引数 …… 242	変数 …… 20
名前渡し引数 …… 252	ポリモーフィズム →多態性

ハ行

マ行

バージョン …… 3, 184, 189	末尾再帰 …… 272
バイナリ互換性 …… 5, 180, 189	マルチプロジェクト …… 187
パターンマッチ … 29, 74, 110, 114, 119	ミックスイン …… 61
パターンマッチ無名関数	無名クラス …… 91
…… 165, 173, 275	命名規則 …… 23
パッケージ …… 88	メソッド …… 24, 56, 57, 250
パッケージオブジェクト …… 89	モジュール分割 …… 88
反変 …… 109	文字列 → String
非変 …… 109	文字列補間 …… 52
ビルド定義ファイル → build.sbt	文字列リテラル(単一行) …… 50
フィールド …… 56, 57	文字列リテラル(複数行) …… 50
フィクスチャ …… 218	モック …… 227
副作用 …… 265, 266	
部分関数 …… 240, 249	

ヤ行

ユニットテスト ……………………… 206

ラ行

ライブラリ ……………………… 181, 192, 194

リアクティブ ……………………………… 5

ループ …………………………………… 30, 72

例外 ……………………………………… 80

ローカルメソッド ………………… 82, 272

ロック ………………………………… 159

著者プロフィール

瀬良 和弘　担当：第1章
<small>せ ら かずひろ</small>

　Twitter/GitHub などでは @seratch の ID で活動。2010年から Scala に注目し、東京の Scala コミュニティで勉強会の主催、Scala 関連のカンファレンスでの登壇経験多数。OSS に関わることがライフワークの一つで、ScalikeJDBC、Skinny Framework など Scala の OSS を長年開発するだけでなく、OSS の裾野を広げる活動にも積極的に貢献している。Scala に限らず Java や Ruby で Web サービスの開発をしてきた経験が多く、オブジェクト指向に慣れ親しんだ開発者への Scala の普及に貢献したいという思いから本著の執筆に参加。

水島 宏太　担当：第2章、第8章
<small>みずしま こう た</small>

　株式会社ドワンゴ所属。株式会社エフ・コード技術顧問。日本では早くから Scala の普及活動を行っている。プログラミング言語マニアで自作のプログラミング言語 Klassic なども開発している。関わった書籍として、共著に『オープンソース徹底活用 Scala 実践プログラミング』（秀和システム）、監訳に『Scala スケーラブルプログラミング 第3版』（インプレス）など。Twitter/GitHub では @kmizu の ID で活動。

河内 崇　担当：第3章、第4章
<small>かわ ち たかし</small>

　株式会社セプテーニ・オリジナル CTO。前職で Scala を採用し、それ以来第一の選択肢として愛用中。Java の資産を活かして素早く機能を実現しながら、関数型スタイルで書くことでテストしやすくバグが少ないプログラムを書けるところが気に入っている。『R と Ruby によるデータ解析入門』『R グラフィックスクックブック』（いずれもオライリー・ジャパン）などの書籍の翻訳に関わった。将棋の観戦が好きな2児の父。Twitter は @kawachi。

麻植 泰輔　担当：第5章、第6章、第9章

　一般社団法人Japan Scala Association代表常務理事。ScalaMatsuri座長。Scalaを使っていると学ぶ対象に事欠かないところが楽しく、気に入っている。コミュニティカンファレンス運営を無理なく持続可能にするスキーム作りがライフワークになりつつある。世界最大のScalaカンファレンスScalaDays 2017など、国内外のカンファレンスの登壇多数。Twitterは@OE_uia、GitHubでは@taisukeoeのIDで活動。

青山 直紀　担当：第7章

　株式会社セプテーニ・オリジナル所属の猫大好きなエンジニア。Twitter/GitHubのIDは@aoiroaoino。学生時代に友人が使っていたのがきっかけでScalaに出会い、現在はインターネット広告業界にてScalaエンジニアとして働いている。Scalaの関数型プログラミング言語的な側面に興味を持ち、趣味／実務問わずそれらをどう活かすかを考えるのが好き。最近はキーボードの自作に目覚め、自分だけのオリジナルを作るべく奮闘中。

●装丁
石間淳
●本文デザイン・DTP
朝日メディアインターナショナル
●編集
村下昇平
●本書サポートページ
https://gihyo.jp/book/2018/978-4-297-10141-1
本書記載の情報の修正・訂正・補足については、当該 Web ページで行います。

■お問い合わせについて
　本書に関するご質問については、本書に記載されている内容に関するもののみとさせていただきます。本書の内容と関係のないご質問につきましては、一切お答えできませんので、あらかじめご了承ください。また、電話でのご質問は受け付けておりませんので、FAX か書面にて下記までお送りください。

＜問い合わせ先＞
〒 162-0846　東京都新宿区市谷左内町 21-13
株式会社技術評論社　雑誌編集部
「実践 Scala 入門」係
FAX：03-3513-6173

　なお、ご質問の際には、書名と該当ページ、返信先を明記してくださいますよう、お願いいたします。
　お送りいただいたご質問には、できる限り迅速にお答えできるよう努力いたしておりますが、場合によってはお答えするまでに時間がかかることがあります。また、回答の期日をご指定なさっても、ご希望にお応えできるとは限りません。あらかじめご了承くださいますよう、お願いいたします。

実践 Scala 入門

2018 年 11 月 10 日　初版　第 1 刷発行

著　者　瀬良和弘、水島宏太、河内崇、麻植泰輔、青山直紀

発行者　片岡　巌

発行所　株式会社技術評論社
　　　　東京都新宿区市谷左内町 21-13
　　　　TEL：03-3513-6150（販売促進部）
　　　　TEL：03-3513-6177（雑誌編集部）

印刷／製本　港北出版印刷株式会社

定価はカバーに表示してあります。

本書の一部あるいは全部を著作権法の定める範囲を超え、無断で複写、複製、転載あるいはファイルを落とすことを禁じます。

©2018　瀬良和弘、水島宏太、河内崇、麻植泰輔、青山直紀

造本には細心の注意を払っておりますが、万一、乱丁（ページの乱れ）や落丁（ページの抜け）がございましたら、小社販売促進部までお送りください。送料小社負担にてお取り替えいたします。

ISBN978-4-297-10141-1　C3055

Printed in Japan